U0818453

显著性分析与应用

张丽娜　著

中国矿业大学出版社
• 徐州 •

内容提要

显著性是指通过智能算法模拟人类视觉注意机制，将有限的计算资源分配给场景中重要的区域或者人们最感兴趣的区域. 当计算资源获取了显著区域，不仅为完成后续任务提供了有效信息、减少了工作量，更能有效地提升智能算法在复杂环境下的感知能力. 作为计算机视觉领域重要的研究方向，显著性受到越来越多研究者的关注. 但针对显著性分析的书籍较少，为了让读者更好地了解显著性的来龙去脉，进一步研究显著性检测方法及相关应用，特编写本书.

本书立足于显著性检测问题，介绍显著性的基本知识，并基于数据类型（二维图像数据、三维几何数据），总结了不同的显著性检测方法.

图书在版编目(CIP)数据

显著性分析与应用/张丽娜著. —徐州：中国矿业大学出版社，2025.3. —ISBN 978-7-5646-6721-4

Ⅰ. TP391.41

中国国家版本馆 CIP 数据核字第 20256XU053 号

书　　名　显著性分析与应用
著　　者　张丽娜
责任编辑　张　岩
出版发行　中国矿业大学出版社有限责任公司
（江苏省徐州市解放南路　邮编 221008）
营销热线　(0516)83885370　83884103
出版服务　(0516)83995789　83884920
网　　址　http://www.cumtp.com　**E-mail**:cumtpvip@cumtp.com
印　　刷　徐州中矿大印发科技有限公司
开　　本　787 mm×1092 mm　1/16　**印张** 7.25　**字数** 142 千字
版次印次　2025 年 3 月第 1 版　2025 年 3 月第 1 次印刷
定　　价　30.00 元

（图书出现印装质量问题，本社负责调换）

前　言

人工智能技术的发展不仅改变了人们的生活方式，也促进了相关领域的发展，特别是极大推动了计算机视觉领域的发展，包括处理手段和算法性能等方面. 现如今，视觉算法研究内容已经从传统的手工设计转向基于大数据分析、推理的自适应学习过程. 考虑到应用问题的复杂性，所涉及的数据也从早期的低分辨率、简单的二维图像数据转变为大规模的多场景、高分辨率的三维几何数据. 如何提升算法的性能成为一个亟待解决的问题. 通过模拟人类视觉系统进行的显著性检测是计算机视觉领域的重要研究方向，受到越来越多的关注. 显著性检测的目标是将有限的计算资源分配给场景中重要的区域或者人们最感兴趣的区域，以实现最有效的资源分配. 当获取了显著区域后，后续的分析和识别等任务的重点将放在该区域. 这不仅为后续任务的完成提供了有效信息，减少了计算量，而且可以大大提升后续算法的性能. 针对不同数据类型，包括二维图像数据、三维几何数据，本书提出了不同的显著性检测算法.

(1) 基于通勤时间距离的图像显著目标检测算法.

针对图像显著性检测问题，提出了一种基于通勤时间距离度量区域显著性的方法. 通勤时间距离综合考虑节点间的所有可行路径，而非单一路径，是一种鲁棒的度量方式. 首先，利用经典的 K-means 聚类算法筛选出图像边界较为置信的背景种子点，构建背景先验图；其次，利用 Harris 角点构建包围显著目标的凸包，定位显著目标的粗略位置，并应用背景种子点诱导出凸包内可靠的前景种子点，构建改进凸包先验图；最后，融合两个先验图生成最终的显著图. 算法通过区域间特征对比获取两个初始显著图时，均应用了新颖而鲁棒的通勤时间距离. 实验结果表明，通勤时间距离能够更准确地度量区域之间的相似性，避免背景噪声带来的影响.

(2) 基于信息熵的网格显著性检测算法.

针对网格显著性检测问题,提出了一种基于信息熵的网格显著性检测方法.该方法主要利用了局部对比机制来度量区域的显著性.首先,计算网格顶点的法向量,选其作为顶点的描述子;其次,基于直方图方法计算每个顶点邻域内法向量的概率分布;最后,计算出每个顶点邻域内法向量的熵值,即顶点的显著值.用法向量熵来刻画局部区域的变化程度,如果熵值较大,局部变化较大,法向量比较混乱,则为显著区域;如果熵值较小,局部变化较小,法向量比较有序,则为非显著区域.算法中只需计算法向量熵,因此算法在运行时间上具有一定优势.另外,将该显著性方法应用于网格光滑和网格简化,也取得了较好的实验结果.

(3) 基于深度学习的形状对应抓取显著性分析.

针对三维形状的抓取显著性分析问题,提出了一种以数据增强策略为前置任务的深度学习框架.首先,对于有监督的深度学习方法,其训练数据覆盖域会极大地影响模型训练,而抓取数据的标注又是极其复杂的.因此提出了一个基于语义特征匹配的前置任务,将数据集生成问题转化为一个非刚性形状对应任务.通过三维形状之间的语义对应实现显著性的有效迁移,从而获得一个较大规模的数据集.其次,考虑到三维形状的抓取任务不仅与模型的局部特征有关,而且还与模型的整体结构密切相关,因此将模型的全局特征融合到网络训练中,以增强网络的预测性能.实验表明,通过前置任务的使用,可有效地提升训练数据的多样性与规模性.基于增强的数据集及全局特征的融合来训练网络,可极大地提升训练模型的稳定性与泛化性,适用于多种复杂模型的抓取显著性分析.另外,随着模型噪声尺度的增加,网络仍可以预测出合理的抓取显著区域,因此该方法具有一定的抗噪能力.

著者
2024 年 12 月

目 录

第1章　绪　论

1.1　研究背景和意义

近年来，随着算法技术的突破与硬件计算能力的提升，人工智能技术得到了突飞猛进的发展. 人工智能不仅改变了人们的生活方式，也促进了相关学术领域的发展，特别是计算机视觉领域. 机器学习方法的引入，不仅使传统视觉算法性能得到改善，同时使视觉算法的研究从传统的手工设计转向了以数据为核心的分析、推理和自适应学习过程. 考虑应用问题的复杂性，如人脸识别、无人驾驶以及服务机器人等(图 1-1)，对数据的分析也从早期的低分辨率、简单的二维图像数据转向了高分辨率、大规模的三维几何数据. 尽管当今的智能算法可以基于大数据进行自主学习，但这依然需要依赖大量的计算和较高的训练成本. 如何让计算机真正学会像人一样感知、理解和智能地与外界环境进行互动，仍是一个挑战性的问题. 因此，如何有效地提升智能算法在更复杂环境中的感知能力是本书所研究的关键问题.

服务机器人　　　　无人驾驶　　　　人脸识别考勤

图 1-1　人工智能技术应用

众所周知，当人类感知外部环境时，最重要的感知器官之一就是眼睛.据统计人类可以依靠视觉感知系统获取 80%的外部信息，通过视觉获得的信息可以帮助人们处理各种复杂的问题. 人眼具有快速检索周围环境中感兴趣的部分，并确定其优先级的能力，这种选择性的信息处理机制称为视觉注意机制(visual attention). 图 1-2 是视觉注意机制示例图，当人们观察三幅图片时，依据视觉系统的特点，人们会迅速将视觉注意力集中在图(a)雪景中滑雪的人，图(b)自然景色中的白色帆船以及图(c)绿色草地上的两匹马，这种人眼的选择过程就是视觉注意. 受人类视觉注意机制的启发，研究人员将这种机制应用于计算机感知中，从而使计算机可以模拟人类视觉注意机制，快速准确地筛选出场景中感兴趣的区域，并称其为显著区域(图 1-2 中标注的区域). 显著性检测的目标是检测出场景中显著区域，当获取场景中的显著区域后，一方面可以为有效地分配计算资源提供可靠的依据，另一方面将算法的重点放在该区域，这不仅可以降低计算量，而且大大提升了算法性能. 因此，显著性检测在视觉任务的预处理中起着重要的作用，受到越来越多学者的关注，成为计算机视觉领域的重要研究方向.

(a) (b) (c)

图 1-2 视觉注意机制示例

随着 3D 扫描技术的快速发展，获取三维几何数据变得越来越容易，数字几何[1]成为继二维图像之后重要的数字媒体表达方式. 三维几何模型(如网格模型、点云模型)能更好地表示物体，但由于其数据量庞大，因此在存储、处理、传输三维几何数据时，通常需要对三维几何数据进行适当地预处理. 受到图像显著目标检测方法的启发，科研人员开始研究将这种预处理技术引入到图形学中，作为三维几何数据的预处理. 特别是随着三维几何数据量的不断增加,如何提升计算机处理能力和减少内存访问时间成为数据处理中的突出问题.随着对图形数据集的优先级处理和选择处理的要求越来越高,显著性检测逐渐成为实现这一目标的有效工具.因此,模拟人类视觉机制的显著性检测问题已然成为近年来的研究热点.

1.2 显著性检测

视觉注意机制在视觉信息感知中起着非常重要的作用,国内外的研究者基于心理学、生理学及计算机科学等多个学科的研究成果建立了相关理论.1980年,Treisman等[2]提出的特征整合理论(feature integration theory)是计算机视觉建模的核心理论模型,也为视觉显著性检测提供了强有力的理论支撑.该理论模型把视觉注意过程分为预注意阶段(pre-attention stage)和集中注意阶段(focused attention stage).预注意阶段主要提取特征(颜色、方向、大小等),由于特征是相互独立的,因此视觉系统可以并行处理获取的特征;集中注意阶段可以理解为将预注意阶段提取的独立特征进行整合,即通过串行的方式对特征进行定位及整合.1987年,Koch和Ullman[3]基于特征整合理论提出了一种与视觉注意机制相关的前馈模型,并提出了显著图(saliency map)的概念,标志着视觉注意建模的开始,但此阶段仍然属于理论分析阶段.

1998年,Itti等[4]提出了金字塔计算模型.该模型使得Treisman等[2]的特征整合理论和Koch等[3]的理论具体化,第一次通过完整的计算机模型实现了人类视觉注意机制.至此,针对显著性检测工作有了新的思路.首先,通过中心-周边机制来分别计算图像在颜色、强度、方向上不同尺度的特征差异图;然后,对三个方向获取的不同尺度特征图进行归一化,得到三个方向的特征显著图;最后,通过线性叠加的方式融合生成显著图.

下面简单介绍模型在强度、颜色、方向上的特征差异图及最终显著图的计算过程.

首先,分别计算在强度(I)、颜色(R,G,B,Y)和方向(O)上的不同尺度

的特征图，计算公式为

$$\begin{cases} I(c,s)=|I(c)\Theta I(c)|; \\ RG(c,s)=|(R(c)-G(c))\Theta(G(c)-R(c))|; \\ BY(c,s)=|(B(c)-Y(c))\Theta(Y(s)-B(s))|; \\ O(c,s,\theta)=|O(c,\theta)\Theta O(s,\theta)|. \end{cases} \tag{1-1}$$

其中，$I=(r+g+b)/3$ 表示图像强度；$c\in\{2,3,4\}$ 表示中间层；$s=c+\delta$；$\delta\in\{3,4\}$ 表示周边层；$\theta\in\{0°,45°,90°,135°\}$ 表示方向所取的角度；符号 Θ 表示两幅特征图的差；$R=r-(g+b)/2$，$G=g-(r+b)/2$，$B=b-(g+r)/2$，$Y=(g+r)/2-|r-g|/2-b$ 分别表示广义的颜色通道.

然后，将获得的特征差异图进行归一化，引入归一化算子 $\aleph(\cdot)$. 将不同尺度下的强度、颜色和方向特征差异图分别叠加，得到相应的特征显著图，包括强度显著图($\tilde{I}$)、颜色显著图($\tilde{C}$)、方向显著图($\tilde{O}$)，公式为

$$\begin{cases} \tilde{I}=\bigoplus_c\bigoplus_s \aleph(I(c,s)); \\ \tilde{C}=\bigoplus_c\bigoplus_s (\aleph(RG(c,s))+\aleph(BY(c,s))); \\ \tilde{O}=\sum_\theta \aleph(\bigoplus_c\bigoplus_s \aleph(O(c,s,\theta))). \end{cases} \tag{1-2}$$

其中，$\oplus$ 表示尺度间的加法运算.

最后，对三个显著图进行线性叠加获取最终的显著图 S，表示为

$$S=\frac{1}{3}(\aleph(\tilde{I})+\aleph(\tilde{C})+\aleph(\tilde{O})). \tag{1-3}$$

早期的显著性模型通常是注意力预测模型，即预测人们注意力集中的位置，如图 1-3(b)所示，能够提供显著目标的大致位置. 随着视觉任务的要求越来越高，检测到完整、精确的显著区域成为图像显著目标检测的发展方向，如图 1-3(c)所示，所检测到的显著区域能够较好地保证显著目标边界的完整和光滑.

图 1－3 图像显著性检测示例

基于显著性计算模型处理方式的不同，显著性计算模型可分为两个阶段：特征提取和特征融合．特征融合阶段存在两种方法：数据驱动的自底向上的方法和任务驱动的自顶向下的方法，如图 1－4 所示．

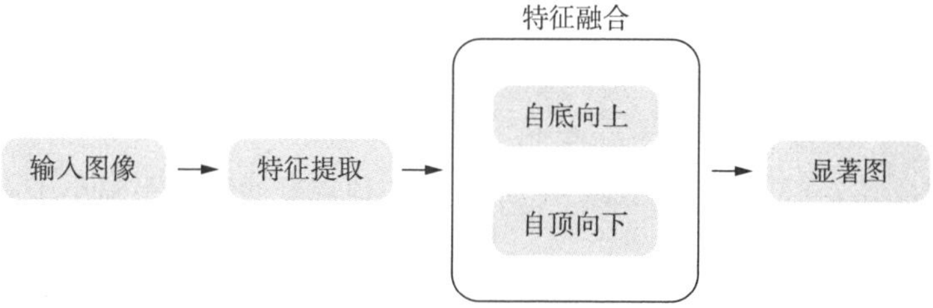

图 1－4 图像显著性检测通用框架

图 1－4 为显著性检测的通用框架．本书第 2 章将主要介绍数据驱动的自底向上的显著目标检测方法．

随着视觉显著性理论的逐步完善以及研究的不断深入，研究人员提出了很多图像显著目标检测方法．这也引起了计算机图形学领域研究者的关注．他们从人类视觉的角度分析三维形状，筛选出视觉上重要的部分，成功地将显著性引入图形学领域．网格显著性指的是计算机通过模拟人类视觉感知系统，探索网格模型中哪些点或者区域是重要的．从网格模型的几何角度来分析，一般认为显著区域具有局部突出性和整体稀少性的特点．显著区域在局部上与周围的邻接区域具有区分性，而在整个场景中稀少的对象更加引起人们的关注．早期的网格显著性检测工作重点关注局部突出性，利用局部特征（如曲率、法向量等）来度量其显著性．

2005 年,Lee 等[5]首次将显著性由二维图像数据扩展到三维几何数据,定义了以视觉显著性为研究目标的网格模型显著性概念,并提出了基于曲率中心环绕差异的算法. 算法中利用了 Itti 等[4]的计算模型的中心-周边机制,但不同于 Itti 模型把颜色、强度作为图像显著性的特征,Lee 认为网格的几何性质是视觉显著性的重要贡献者,他利用平均曲率来度量网格顶点的显著性.

首先,给定一个三角形网格模型 $M=(V,E,F)$,输出每一个网格顶点 $v \in V$ 的显著值 $S(v)$. 这里,显著值的估计主要是基于网格的平均曲率构建局部特征进行计算的. 对于每一个顶点 v,其平均曲率 $l(v)$ 即两个主曲率的平均值,可以反映顶点所在局部曲面的几何形状特征,而这样的特性可以用来描述视觉效果中的显著特征. 顶点 v 的局部特征通过其邻域内顶点平均曲率的高斯加权计算,公式为

$$G(l(v),\sigma)=\frac{\sum\limits_{x\in N(v,2\sigma)} l(x)\exp[-\| x-v \|^2/2\sigma^2]}{\sum\limits_{x\in N(v,2\sigma)} \exp[-\| x-v \|^2/2\sigma^2]}, \tag{1-4}$$

这里 $N(v,\sigma)=\{x \mid \| x-v \| <\sigma\}$ 表示与顶点 v 的欧氏距离小于 σ 的顶点集合.

然后,计算不同尺度下顶点 v 的显著性,其显著性可以通过不同尺度下的高斯加权平均曲率之间的绝对差异值来表示,公式为

$$S(v)=| G(l(v),\sigma)-G(l(v),2\sigma) |, \tag{1-5}$$

其中,$\sigma \in \{2\varepsilon,3\varepsilon,4\varepsilon,5\varepsilon,6\varepsilon\}$,可以计算出 5 个尺度对应的显著图.

最后,Lee 等[5]利用了非线性抑制操作对不同尺度的显著图进行归一化,并将归一化的显著图累加生成最终的显著图. 非线性抑制操作是通过对不同尺度的显著图进行放大,从而增大显著区域与背景区域的差异,能有效地抑制背景区域带来的噪声. 计算公式为

$$S=\sum_i | G(l(v),\sigma_i)-G(l(v),2\sigma_i) | \cdot (M_i-\bar{m}_i)^2, \tag{1-6}$$

其中,$\sigma_i \in \{2\varepsilon,3\varepsilon,4\varepsilon,5\varepsilon,6\varepsilon\}$,$M_i$ 和 $\bar{m}_i$ 分别是每一尺度下显著图对应的最大显著值和平均显著值. 网格显著性检测主要分为显著点检测和显著区域检测,显著点的检测是获取模型上比较重要点的位置;显著区域的检测是获取模型上比较重要或者突出的区域,如图 1-5 所示. 本书第 3 章主要对后者

展开研究，提出了一种简单、快速的网格显著性检测方法.

（a）显著点检测　　（b）显著区域检测

图 1－5　网格显著性[6]

随着三维数据采集技术的快速发展，三维点云数据的获取变得越来越容易，这也使得三维点云处理问题的研究越来越受到人们的关注. 与此同时，受网格显著性分析方法的启发，研究者也开始关注基于点云的显著性检测问题. 三维点云显著性可以视为在感知上发现重要的区域，即这些区域相对于周围区域是独特的. 显著区域的检测可以更好地帮助分析许多研究性问题，例如视点选择[7]、三维形状分割[8]和三维形状简化[9]等. 2013 年，Shtrom 等[10]首次提出了一种针对大规模场景的点云显著性检测方法. 通过实验证明，该方法具有较好的鲁棒性. 方法的核心是利用快速点云直方图特征(fast point feature histogram，FPFH)构建三维几何形状特征空间，然后在这个特征空间里面嵌入低层次和高层次的特征差异性，进而获取初始局部显著图和全局显著图；最后再通过融合技术生成最终的显著图，如图 1－6(a)所示.

（a）点云显著性[10]　　（b）触觉显著性[11]

图 1－6　三维形状显著性

2016 年，Lau 等[11]提出了触觉显著性概念. 他们指出视觉显著性不仅可以指导视觉问题，同时也可以通过视觉感知来预测人类其他感官的显著性问题. 所谓触觉中的显著性是通过视觉感官分析人在与物体进行交互过程中，例如抓取、按压或触摸物体，倾向于与物体哪些位置接触. 如图 1－6(b)所示，圆圈表示触觉显著区域. 图(b)中 1 处的圆圈区域指的是人们在使用杯子时倾向抓取的位置；图(b)中 2 处的圆圈区域表达的是人们玩游戏时手柄被经常使用的位置；图(b)中 3 处的圆圈区域反映的是模型头部区域经常被触摸的位置. 由于无法准确量化定义哪些区域是显著的，因此该算法中首次尝试引入了深度学习检测触觉显著性区域. 触觉显著性检测在人机交互、机器人等方面有着潜在的应用，例如在人机交互中可以提供必要的预处理；在机器人抓取问题中，可以帮助机器人识别哪些区域更有利于抓取. 针对触觉显著性问题，本书第 4 章主要面向点云数据，从深度学习角度出发提出了一种基于深度的形状对应抓取显著性分析方法.

1.3　显著性检测方法研究进展

显著性检测是计算机视觉和计算机图形学领域的重要研究内容之一，备受国内外研究学者的关注，并取得了一系列的研究成果. 根据数据类型的不同，本节将从图像显著性检测、网格显著性检测、点云显著性检测三个方向对相关研究方法进行综述.

1.3.1　图像显著性检测方法

依据图像显著目标检测方法的发展，图像显著性检测方法大致可以分为两类：基于手工设计特征的传统方法和基于深度学习的方法. 传统的方法通常依赖于对显著物体或图像场景的经验式假设，即先验假设. 因此，依据不同的先验假设，从以下几个方面对传统的图像显著目标检测方法进行综述.

1.3.1.1　基于传统算法的显著性检测

人类视觉注意力往往更容易被吸引到图像中独特的区域，因此可以直观地引入对比度来衡量显著性. 依据对比范围的不同，对比度方法可以分为局部对比度方法和全局对比度方法.

(1) 基于对比度的方法

① 局部对比度方法

局部对比度方法一般强调图像区域相较于其邻接区域的稀有性，认为局部突出的区域为显著区域. Itti 等[4]在特征融合理论及视觉注意理论启发下提出中心-周边机制，在多尺度空间中融合颜色、强度和方向特征进行显著性检测. Ma 和 Zhang[12]提出了在 LUV 颜色空间中使用像素与局部邻域像素的颜色距离来评估显著性的方法. Goferman 等[13]提出了一种基于上下文感知的显著目标检测方法，算法通过结合不同尺度上的局部特征及高级先验信息对显著目标进行检测. Jiang 等[14]提出一种多尺度的基于局部区域对比的方法，该方法将多尺度的自底向上显著性线索与目标层次的形状先验相结合来计算显著性.

② 全局对比度方法

全局对比度方法使用图像中的像素或者像素块相较于整个图像的对比来评估显著性. Achanta 等[15]提出了一种频率调谐方法(FT)，首先通过高斯滤波器滤除图像中低频的背景区域和高频的孤立显著点，然后根据每个像素和所有像素颜色平均值的欧氏距离来计算显著值. Zhai 和 Shah[16]通过计算像素的颜色特征与图像中所有像素颜色特征的欧氏距离来度量显著性，为了提高效率仅用了亮度信息，忽略了其他通道的显著信息. Cheng 等[17]提出了一种基于区域的全局对比度显著性检测方法(RC). 该方法将一个区域的显著值定义为该区域与图像所有区域对比度的加权和. 计算对比度时以像素块作为基本单元，同时引入了空间位置信息作为权值，极大地提高了计算效率和检测结果的准确性. Perazzi 等[18]提出了一种全局对比度的显著性检测方法. 该方法认为显著区域的特征应该是紧致均匀的，而背景区域的特征是比较分散的. 因此将颜色独异性与空间分布相结合，同时使用高斯滤波器对计算进行加速，算法能快速检测出紧凑均匀的显著区域.

(2) 基于背景先验的方法

背景先验一般假设图像的边界为背景区域. 2012 年，Wei 等[19]首次给出背景先验的概念，同时提出利用测地距离计算显著性的方法. 该方法选取图像四周边界的像素作为背景种子点，将显著性定义为图像区域与背景种子点间的测地距离，距离较大说明该区域与背景种子点特征差异较大，即为显著区域；否则为背景区域. 自此以后，如何高效地利用背景先验来建立显著性检测模型，成为人们研究的热点. Lu 等[20] 从误差重建的角度提出了图像显著目标检测方法. 该方法认为图像边界为背景区域，使用边界的超像素构造字典，将图像超像素块投影到字典上. 通过计算稠密和稀疏的系数获取重建误差，并将重建误差较大的区域定义为显著区域. 同时设计了一种基于上下文的传播机制来传播误差. Zhu 等[21] 提出了一种鲁棒的背景评估方法，将边界连通性引入显著性检测中. 首先对图像进行超像素分割；然后基于颜色特征计算超像素与图像边界连接长度的比值，测量每个超像素属于背景的可能性；最后应用优化模型获取显著值. 但对于图像显著目标占据四周边界时，基于这种背景先验假设的方法就会失效. 针对这一问题，本书第 2 章对背景先验的假设进行了有效改善，提出了基于 K-means 聚类的方法，选取超像素个数较多的一类为背景种子点，有效地保证了背景先验的准确性.

(3) 基于中心先验的方法

Gestalt 原理[22] 指出，当人们观看一幅图像时通常会关注一个或多个中心区域. 随着与中心区域距离的增大，人们对中心周围区域的关注会逐渐减弱. 因此，一般认为显著目标更有可能在一幅图像的中间位置，不显著的目标应该远离中心位置，中心先验通常假设图像的几何中心附近是显著区域. Shen 等[23] 应用中心先验，基于像素点与图像中心距离的高斯分布构造先验，对靠近中心位置的像素显著值赋予更大的权重；为了抑制背景信息，对远离中心位置的像素赋予更小的权重. Yan 等[24] 通过单尺度下计算颜色全局对比度与中心先验显著值的乘积，获取显著图. 由于中心先验对显著目标的位置比较敏感，Yang 等[25] 通过包含 Harris 角点构造凸包的方法来粗略计算显著目标的位置，凸包的形心作为新的中心，并假设中心附近为显著区域. Xie 等[26] 提出了一种基于贝叶斯模型的显著目标检测算法，应用由粗到精的策略，即利用 Harris 角点获得凸包对显著目标的粗略定位，然后结合贝叶斯模型计算出精确的显著目标位置. Sun 等[27] 进一步改进了 Xie 等[26] 的算法，通过引进边界信息和软分割技术来改善凸包的精度，进而提高了显著性结果. 受 Xie 等[26] 的启发，本书第 2 章图像显著目标检测中通过已获取的背景种子点来改善凸包精度，获取更加置信的前景种子点，基于改进的凸包先验取得了较好的显著目标检测结果.

(4) 基于图模型的方法

图模型方法主要是根据图结构，将已有节点的显著值沿着某种传播路径传播给其他节点，从而预测整幅图像的显著值. 首先定义图结构，通常用图像空间位置(像素点或超像素)作为节点，并将节点间的相似性作为连接节点边的权重；然后依据一定的传播规则传播. 2006 年，Harel 等[28] 提出了基于图的视觉显著性检测方法(GBVS)，对输入图像构建图结构，然后通过在图结构上计算随机游走矩阵来定义一个马尔科夫链，并通过马尔科夫链的平衡态计算节点的显著值. Yang 等[25] 用图像的四个边界作为背景种子点，基于流行排序模型计算其他节点到背景种子点的流行排序值，从而计算出显著值. Jiang 等[29] 通过对传播矩阵传播方式的分析，得出传播矩阵与谱聚类算法之间的关系，利用谱聚类算法改进原有传播矩阵，有效地提升了算法性能. Sun 等[30] 基于马尔科夫吸收概率模型提出了自底向上的显著性检测方法. 为了计算方便，只选取图像部分边界(左边界、上边界)作为背景节点，将每个节点的显著值定义为部分边界上所有与该节点相似的虚拟吸收节点吸收的概率之和. Wang 等[31] 提出了像素级显著性检测方法，通过吸收马尔科夫链排名和流行排序分别计算背景和前景显著值，并将其融合得到最终显著值. Ji 等[32] 提出了一种基于图模型的自下而上显著性检测方法. 该方法在流形排序框架下，利用低级特征和对象特征生成多个显著图，并利用融合技术生成最终显著图. Deng 等[33] 提出了一种基于多重自加权图的流形排序方法来构造显著图. 本书的第 2 章图像显著目标检测也是在图模型的基础上，利用通勤时间距离来度量节点间的相似性，进而计算出每个节点的显著值.

1.3.1.2 基于深度学习的显著性检测

近年来，随着神经网络技术的快速发展，深度学习方法，特别是卷积神经网络(convolutional neural network, CNN)和循环神经网络(recurrent neural network, RNN)已成功地应用于计算机视觉领域的各项任务中，并展现出了超强的学习能力.

2015 年，He 等[34] 提出了一种新颖的超像素卷积神经网络(super CNN)，将深度学习方法应用于图像显著目标检测. 该网络首先对图像进行超像素分割，然后将超像素块输入到 CNN 网络中获取深度显著性特征，最后对不同尺度的深度特征进行融合获取最终的显著图. Wang 等[35]将全局特征和局部特征融合到网络中,设计了两个子网络分别用于获取全局显著性值和局部显著性值,最后采用加权和的方式计算显著值. 两个子网络框架的设计方法为后续的研究工作提供了新思路. 受其启发,Lee 等[36]将高级特征和低级特征距离图整合到统一的深度学习框架,使用 VGG-net 提取高级特征,同时将低级特征与图像其他区域进行比较生成距离图,并利用 CNN 网络编码低级特征距离图,最后将获取的高级特征和编码后的低级特征距离图进行串联计算显著值.

随着在显著性检测中对深度学习技术研究的不断深入,人们发现网络提取的深度特征的性能比传统的手工特征更为可靠,特别是全卷积网络(fully convolutional networks,FCN)[37]的出现,研究者们结合 FCN 网络开发了许多新的网络框架. Liu 等[38]提出 DHSnet(deep hierarchical saliency network)网络,其包含两个子网络为 GV - CNN(global - view CNN)网络和 HR - CNN(hierarchical recurrent CNN)网络. 通过 GV - CNN 子网络提取各种类型的全局显著性特征,再通过 HR - CNN 子网络对提取的全局特征进行吸收,逐步地恢复局部区域的上下文语义信息,从而达到精确地预测显著性结果的目的. 研究者们建议使用循环结构来加强 FCN 网络的语义信息,Wang 等[39]提出了一种以粗糙的显著图作为先验不断提高网络性能的方法. 该方法将图像和粗糙显著图输入到循环全卷积网络中,粗糙的显著图通过循环不断地细化以获得精确、鲁棒的显著图. Wang 等[40]提出了一种两阶段循环网络结构. 两阶段网络分别用于获取缺少细节的粗略显著图和局部上下文信息,然后利用金字塔结构融合两阶段显著图. 随着注意力机制越来越受到重视,Zhang 等[41]提出了注意力引导网络,以渐进的方式选择性地整合多层次的上下文信息,通过 CNN 网络提取图像特征,并对同一特征图空间位置不同的像素及不同层的特征图赋予不同的权值,进而实现显著目标检测. 基于反向注意力机制思想,Chen 等[42]提出了一种精确而紧凑的深度网络框架,首先使用残差学习(residual learning)来学习侧向输出(side-output)特征,以减少网络权重的数量;然后基于反向注意机制,通过自上而下的方式指导侧向输出的残差学习,并应用侧向输出特征删除显著区域来探索缺少的细节,从而提高算法精度来获取高分辨率的显著性结果.

1.3.2 网格显著性检测方法

网格显著性与图像显著性均与人类视觉系统(human visual system, HVS)有关,与图像数据相比网格数据更为复杂,许多用于图像显著性检测的方法无法扩展到网格显著性检测中,这也给网格显著性的检测带来了挑战. 在过去的十多年,研究人员开始研究网格显著性并取得了一定成果. Liu 等[43]回顾了近十年的网格显著性检测方法及其应用,总结了相关算法的优点和缺点,并将网格显著性检测方法概括为两类:基于局部对比方法和基于全局对比方法. 接下来本节也将从这两个方面对网格显著性检测方法进行综述.

1.3.2.1 基于局部对比方法

Wolfe[44]从心理学角度研究发现,眼睛对不频繁变化的特征更感兴趣,同时受重复的特征抑制. 基于这一原则,网格局部对比度方法通常将网格顶点或者区域的局部特征与周围环境在不同尺度进行比较,重点分析那些偏离常规特征的区域. Lee 等[5]通过高斯加权平均曲率的中心环绕算子来刻画模型上的显著区域. 该算法通过不同尺度的高斯加权平均曲率差值评估顶点局部特征;然后计算不同尺度下的顶点显著值;最后进行多尺度融合获取显著值. Corsini 等[45]和 Lavoué 等[46]提出了一种利用网格二面角来衡量网格显著性方法. 该方法使用与网格表面和顶点有关的二面角统计来度量网格表面粗糙度的变化程度. Castellani 等[47]提出将每个顶点经过滤波操作后沿着法向量移动的大小作为显著性的感知标志. 该方法对噪声具有鲁棒性,同时不受网格分辨率变化的影响. Miao 和 Feng[48]提出绘制感知显著性极值线. 该极值线是关于极值点的位置函数,描述了网格模型沿着曲面主曲率方向上的感知显著性. Zou 等[49]提出一种在测地空间中通过搜索局部极值检测显著点的方法. 受 Wolfe[44]思想启发,Doraiswamy 等[50]引入拓扑显著性度量,结合几何信息和拓扑信息进行网格显著性检测. Zaharescu 等[51]假设三维网格模型的顶点具有光照和曲率等属性,并将高斯差应用于相关函数以获取网格显著点. Jia 等[52]根据网格缩放特点提出一种区域描述子,并使用描述子将区域与邻接区域进行比较,然后计算区域的显著性,该算法成功地解决了现有显著性检测方法不能用于网格缩放的问题. Bulbul 等[53]提出了运动几何模型，将运动几何模型的时间变化很好地整合到网格显著性检测中. Tao 等[54]提出了一种半监督模式显著性检测方法，采用 Zennike 系数作为描述子，将流行排序结构引入描述子空间计算显著性. Sun 等[55]应用拉普拉斯-贝尔特拉米算子(Laplace-Beltrami operator, LBO)提出热核描述子(heat kernel signature, HKS)，并定义网格的显著点为 HKS 的局部极大值. Hu 等[56]提出在 Laplace-Beltrami 谱域上计算网格显著性，通过谱分解定义网格顶点几何能量，网格显著点为能量函数局部最大值点. 受其启发，Song 等[57]提出在谱空间计算网格显著性，然后将其从谱空间转换为空间域，基于曲率加权得到空间域的显著值. Benjamin 等[58]提出了一种基于热量流动过程的热游走(heat walk)方法. 热量流动过程中，热核控制几何相关的热量在形状中的传播. 同接收的热量作比较，显著区域的散热速度较慢，而非显著区域的散热速度较快，该方法具有良好的抗噪性. 热扩散方法也被 Leifman 等[7]应用到网格显著性检测中，算法使用旋转图像(spin image)特征作为描述曲线形状的描述子，通过比较特征空间中顶点与其他顶点之间的相似性来计算顶点的显著性，选择聚焦点并将聚焦点附近区域定义为显著区域.

1.3.2.2 基于全局对比方法

相较于局部对比度方法，全局对比方法旨在将网格模型顶点或区域与整个网格进行综合比较，根据顶点或者区域的全局差异性来度量显著性. Song 等[59]提出了一种基于条件随机场(conditional random field, CRF)的网格显著性检测方法. 该方法首先基于秩的高斯滤波构造网格多尺度表示；然后设计了一种条件随机场，利用邻域一致性对显著区域进行鲁棒检测. 受 Cheng 等[17]提出的全局对比度思想启发，Wu 等[60]首次提出全局稀有性(global rarity)的概念. 文中提出了一种新的多尺度局部描述子，首先在描述子空间计算每个顶点与其他所有顶点的距离加权和获取全局稀有性；然后再计算顶点与局部邻域的对比度获取局部显著性；最后将全局显著性和局部显著性进行融合获取最终显著图. 该方法同时考虑全局和局部对比度，并把显著性用于指导网格光滑等任务. Sipiran 和 Bustos[61]提出了一种粗糙的网格特征检测算法，将关键组件(key-components)引入网格模型中，关键组件对应于网格高突起的区域，也就是显著区域. 首先通过聚类方法确定关键组件，然后应用区域增长算法，从一个聚类中计算出一个关键组件，并在网格上提取出相应的显著区域. 由于关键组件对应粗尺度的特征，而且组件数量比关键点的数量少，所以能够有效提高后续任务的效率. Zhao 等[62]提出了一种新颖显著性检测方法，利用非局部均值滤波器对形状指数(shape index)场进行扩散生成显著图，并利用视网膜的大脑皮层原理(retinex theory)进一步增强显著图，以此确定有意义的显著区域. Wang 等[63]基于低秩和稀疏提出了一种统一的网格显著性检测框架. 首先提取具有结构感知的形状描述子，该描述子包含了多层次多尺度的信息，用其获取底层几何结构的内在特征；然后在描述子的特征空间中，采用低秩稀疏建模来表达稀疏特征，并进一步将稀疏特征表述为局部特征的显著性和全局结构的显著性. 由于该方法融合了多尺度多层次信息，所检测的显著性包含了局部显著特征的同时也包含了全局结构的显著特征，所以能更好地从全局角度理解模型形状. Song 等[64]提出了一种新颖的用于网格显著性检测的深度神经网络(classification-for-saliency CNN，CfS-CNN). 该网络仅利用网格模型的类别信息，采用弱监督的方式进行端到端的训练. 该网络可以直接用于包含多个网格的 3D 场景显著性检测.

1.3.3 点云显著性检测方法

近年来，三维点云数据的获取变得越来越容易，点云数据的处理受到越来越多的关注，特别是点云显著性检测问题. 然而，相较于二维图像和三维网格数据，点云缺乏结构表示. 因此，现有的显著性检测技术无法直接应用到点云表示的模型上，这给以点云数据为研究对象的显著性检测问题带来了巨大的挑战.

2013 年，Shtrom 等[10]提出了一种针对三维点云数据的显著性分析方法. 该方法旨在处理大规模的点云数据(数千万个点)，比如城市风光场景的点云数据. 算法使用快速点云直方图特征(fast point features histograms，FPFH)作为形状描述子来构建特征空间. 该描述子可以直接在点云上计算而无需拓扑信息，并且形状保持不变. FPFH 特征可以表示几个低级特征的联合分布. 算法中采取了两层分析，低层次检测局部显著性，高层次检测整体语义部分的显著性. 最后将两层显著值融合获取最终显著值. 然而，随着低层特征数量的增加，FPFH 描述子在计算时间和内存存储方面成指数级增长. 为了克服这一局限，Guo 等[65]提出一种基于协方差矩阵描述子的点云显著性分析算法. 首先以低级特征构建协方差矩阵描述子，以描述点云中每个点的局部几何信息；然后应用 sigma point 方法将协方差矩阵描述子转换为欧氏空间的向量描述子；最后在 sigma set 特征空间中应用主成分分析方法(PCA)生成显著图. Perazzi 等[18]认为显著区域应该是紧致均匀的，受其启发，Tasse 等[66]提出一种基于聚类的方法来检测点云显著性. 该方法利用自适应模糊聚类算法将点云分解成小的聚类；然后评估每个类的唯一性和空间分布，并将这些值组成一个类的显著性函数；最后计算每个点属于一个特定聚类的概率，即为显著性值，并成功地将其应用于关键点检测. Guo 等[67]提出了一种新颖、简单且计算效率高的方法来检测点云显著性. 该方法引入信息最大化原理，利用熵来分析缺乏拓扑信息的点云显著性. 首先将点云数据转换为稀疏的图模型；然后基于图模型应用随机游走来对位置之间的信号进行传输建模，采用熵率(site entropy rate, SER)评估点云的显著性，并结合多尺度显著图生成最终的显著图. Leal 等[68]根据最小描述长度(minimum description length, MDL)，通过局部稀疏编码直接检测点云的显著性. 最近，Ding 等[69]提出了一种基于局部差异性和全局稀有度的点云显著性分析方法. 首先测量局部区域的突出程度，选取 FPFH 特征作为描述子构建特征空间，在特征空间计算每个点与 K 个最近邻点的卡方距离加权和来衡量局部差异性；然后测量全局稀有性，使用超体素分割方法将点云分解为多个类，应用每个类和其余类之间的距离来计算类的显著性，使用随机游走排序方法将类级别的全局稀有性值传递给类内的每个点；最后，提出了一个整合局部差异性和全局稀有性的优化框架，以获得最终的显著性检测结果.

2016 年，Lau 等[11]提出了新的显著性概念，即通过视觉感官感知人类其他感官的显著特征，例如通过视觉感知分析物体的触觉显著性. 如果模型是一个真实的物体，物体显著点定义为人们有可能抓取、按压或触摸的点. 由于手工定义触觉显著值比较困难，Lau 等[11]引入了众包数据(crowdsourcing)和学习框架，即设计了一个在线实验. 让用户提供给定顶点对之间显著值的相对排名(非绝对值)，收集这些相对排名的众包数据(crowdsourcing)，并结合深度学习和学习排名方法来计算触觉显著值. Jiao 等[70]提出了基于 2D 草图来预测物体的触觉显著性方法. 该方法采用多任务深度网络模型同时学习草图图片中的三个特征，即触觉显著特征、深度信息和物体的语义类别. 通过该方法可以预测人类在生活中如何与草图表示的对象进行交互，以了解 2D 草图的功能. 最近，Brahmbhatt 等[71]创建了用来研究人抓取行为的 ContactDB 数据集. 该数据集主要以热核图片形式记录了大约 50 名志愿者抓取各种不同形状的三维模型. 与此同时，为了保证数据的真实有效，该团队将三维模型利用三维打印技术打印出来. 在采集数据的过程中，志愿者触摸(抓握、传递)实际 3D 打印模型，使用热成像仪来观察人抓握物体过程中，通过从手到物体热传递所留下的热量，捕捉抓取过程中手与物体之间发生的接触信息. 受 Lau 等[11]的启发，本书第 4 章将显著性分析的问题从视觉外观的模态引入触觉分析问题，特别是对三维点云形状的抓取任务进行了显著性分析.

随着计算机的发展和硬件技术的进步，深度神经网络在计算机视觉领域得到了深入的研究和发展，特别是在图像显著目标检测中，展现出了强大的特征表示能力，有效地提升了视觉任务的性能. 深度学习方法也备受图形学领域研究者们的关注，2017 年，Charles 等[72]提出了直接作用于点云数据的 PointNet 网络框架. 至此点云数据的处理进入了一个新的阶段，使得基于数据驱动的点云的特征学习、提取或分析成为可能，所获取的特征在三维形状分析的任务中展现了很好的性能. 受其启发，直接作用于点云数据的深度神经网络相继出现，如 PointNet++[73]、PCPNet[74]和 PointCNN[75]等网络. 针对点云显著性检测问题，运用深度学习方法实现显著性预测的关键是如何构建三维形状显著性数据集，本书提出了基于特征匹配的非刚性对应方法，将现有三维形状的显著值迁移给待标注的三维形状，以此来增加网络训练样本的数量.

1.4　显著性检测的应用

基于视觉感知的显著性检测能够较好地定位人们感兴趣的区域，因此通过显著性检测可以实现将有限的计算资源分配给场景中感兴趣的区域，同时也是提高后续任务效率与性能的重要手段. 显著性检测被广泛地应用于计算机视觉和计算机图形学领域,接下来介绍显著性检测在图像裁剪[76]、图像和视频压缩[77]、图像分割[78]、图像拼贴[79]、3D 打印[80]和网格分割[6]等任务中的应用.

(1) 图像裁剪

图像裁剪是一种通过选择最相关或感兴趣的区域来调整图像大小的技术,同时剔除不必要或冗余的区域. 视觉显著性检测可以提供图像中感兴趣的区域,将显著性与图像裁剪技术相结合可以有效地提高裁剪后图像的视觉效果. Zhang 等[81]提出了一种语义感知的图像裁剪算法. 该算法通过模拟人类对图像中重要语义区域的感知来裁剪图像. Rahman 等[82]应用深度学习策略训练大量数据,并使用图分割和灰度调整获取图像显著图,基于显著图估计最小和最大矩形窗口计算出最佳裁剪窗口的大小. Cornia 等[83]提出基于显著性的图像裁剪算法,通过图像的平均显著值大小确定裁剪窗口. Ardizzone 等[84]在分析图像兴趣点分布的基础上,提出图像显著性检测算法,然后应用显著性作为指导来估计出感兴趣的区域,进而裁剪出令人满意的图像内容. 如图 1－7 所示,裁剪后的图像将原图像的主题内容(老虎)完整地保留在图像中.

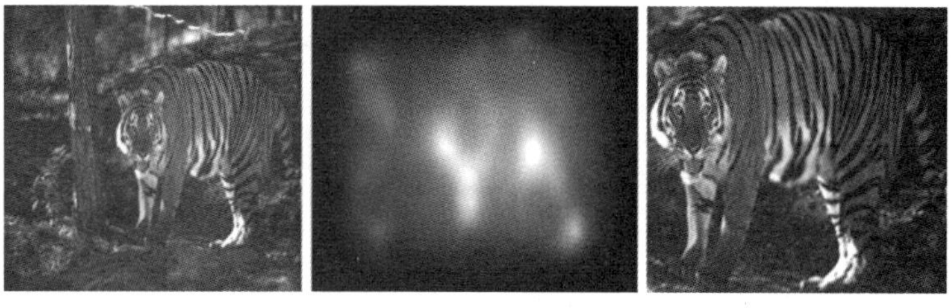

(a) 输入图像　　(b) 显著图　　(c) 图像裁剪

图 1－7　基于显著性指导的图像裁剪[84]

(2) 图像和视频压缩

随着信息时代的快速发展,大量图片和视频需要储存空间. 为了节省数据的储存空间和传输时间,有必要将图像和视频进行有效压缩. 将显著性检测方法与图像和视频的压缩算法相结合,预测对人们更有价值的区域,确定合理的压缩方法是图像和视频压缩的基本内容. 对于包含大量有价值信息的显著区域可以使用低压缩比或无损压缩，而冗余的背景区域使用高压缩比，实现高性能的压缩. Guo 等[77]提出了一种新颖的多分辨率时空显著性检测模型，称之为四元数傅里叶变换的相位谱模型(phase spectrum of quaternion fourier transform，PQFT)；在 PQFT 模型基础上引入分层(HS)选择框架，构造图像的树形结构，进而提出了一种多分辨率小波凹域模型(multi resolution wavelet domain foveation，MWDF)，有效地提高了图像和视频压缩中的编码效率. 图 1－8 中的两幅图分别应用了小波域注视点加权模型(wavelet domain foveated weighting，WDFW)和 HS－MWDF 模型，可以看到两幅图像的绵羊都很清晰，所不同的是绵羊周围的草. 图 1－8(b)中绵羊附近的草要比绵羊模糊(白色框区域)，但比其他区域的草清晰，图像大小为 261 kB；图 1－8(a)中绵羊附近的草和其他区域的草清晰度一样(白色框区域)，图像大小为 328 kB，说明显著性在图像压缩中起到了很好地指导作用.

(a) WDFW[77] 图像压缩　　(b) HS-MWDF[77] 图像压缩

图 1－8　基于显著性指导的图像压缩

(3) 图像分割

图像分割是图像处理领域中比较经典的问题之一，广泛地应用于目标识别、图像分类等任务中[85-86]. 图像分割是基于某些特征(如纹理、颜色等)或语义信息从图像中提取感兴趣的目标对象. 显著目标很大程度上都与目标对象有关，以显著性为指导的图像分割能将图像粗略地分成含有标签区域，再进一步结合分割算法获取分割图. Ko 等[78]提出了一种基于人类视觉注意力和语义聚类的多幅图像感兴趣目标对象的分割算法. 根据图像中显著性映射和显著点来创建注意窗口，在注意窗口中使用支持向量机选择显著区域，并将显著区域聚类为感兴趣的对象进行分割. Rahtu 等[87]提出了一种将图像显著性测度与条件随机场模型相结合的图像分割方法. Fu 等[88]提出了一种基于显著性指导的自动图像分割算法. 该方法利用频谱残差方法计算显著性，然后基于显著性指导设计了一个多分辨率框架，为图像分割提供标签. 该算法克服了交互式图像分割算法的不足. 如图 1－9 所示，图像分割出的目标对象具有完整光滑的边界.

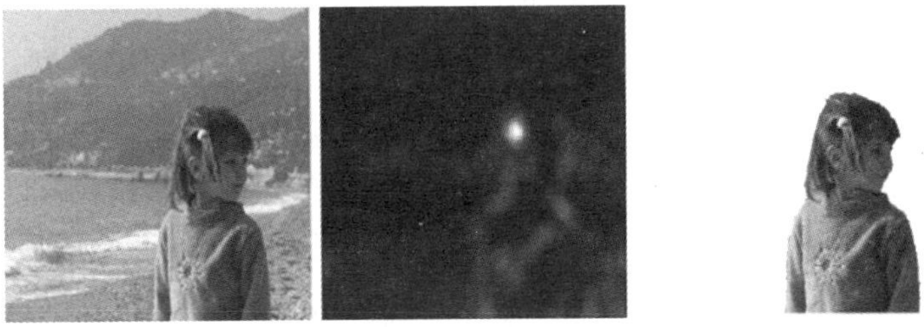

（a）输入图像　　（b）显著图　　（c）图像分割

图 1－9　基于显著性指导的图像分割[88]

（4）图像拼贴

图像拼贴是一种常见的艺术表现形式，其目的是将多幅不同的图像拼贴成一幅图像. 早期手工制作方法耗时较大，如何使用计算机在不同图像中提取感兴趣目标对象，同时保留有助于理解内容的背景，然后通过艺术化处理和整合自动生成拼贴图像引起了研究人员的关注. Goferman 等[89]提出了基于上下文感知的显著性检测方法，将显著性应用于 Goferman 等[79]拼贴算法中自动生成拼贴图像. 如图 1－10 所示，可以看到，新生成的拼贴图像具有良好的视觉效果. 人们感兴趣且有助于理解内容的背景被完整地保留，而那些不感兴趣的背景被有效地剔除掉，使得拼贴图像看起来自然、完整.

（5）3D 打印

3D 打印是一种以数字模型文件为基础，利用可打印材料（塑料或金属粉末等），通过逐层打印的方式来构造物体的快速成型技术，又被称为增材制造. 3D 打印通常适合小规模制造，因为受其内在局限的影响，当单个物体的体积大于 3D 打印机的工作体积时，物体将不能被直接制造. 针对这一问题，Song 等[80]提出通过 3D 互锁来连接 3D 部件，而不使用连接器或者胶水. 为

图 1-10 图像拼贴[89]

了避免切割缝隙穿过显著区域，采用显著性为3D部件边界之间建立显著性连接图. 首先，应用Lee等[5]算法计算每个网格顶点的显著值；然后，通过平均边界体素所包含顶点显著值来评估边界体素的显著性，只有两个相关边界具有较大显著值时才会建立强连接. 如图1-11所示，应用显著性指导的3D部件连接看着更合理. 针对3D打印效率低的问题，Wang等[90]提出一种基于显著性指导的自适应切片算法. 该算法通过模型的显著性构建切片厚度的优化模型，以实现网格自适应切片算法. 对于显著区域采用高精度切片，而非显著区域采用低精度切片. 在保证显著区域打印高质量的同时有效地提高了打印的效率，大约节省了30%～40%的打印时间.

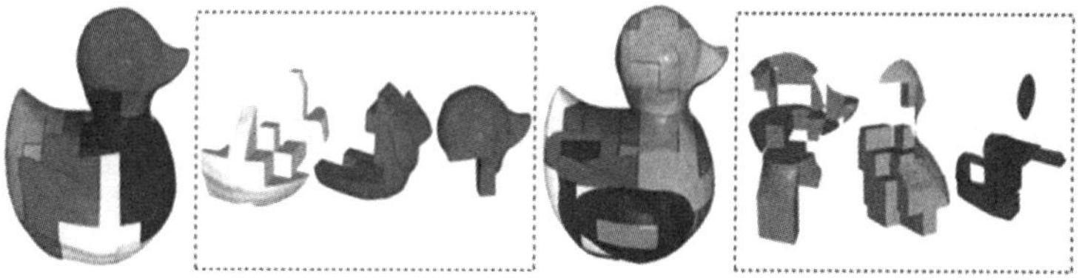

图 1-11 带有(左)和不带有(右)显著性指导的3D打印[80]

(6) 网格简化

网格简化是指在不更改几何外观的情况下，通过删除或修改部分网格顶点、边以及三角面片来降低网格的采样密度. 网格简化方法根据简化范围的不同可分为局部简化方法和全局简化方法. 局部简化方法一般有基于顶点方法[91]、基于边方法和基于面片方法[92]等；全局简化方法主要有顶点聚类方法[93]和变分方法[94].

大多数网格简化算法容易忽略平坦区域中小的高曲率细节部分，导致平坦区域中高曲率细节特征消失. 人类视觉可以注意这些局部对比度高的小区域，将显著性与网格简化算法相结合可以保留细节特征，有效地改善网格简化的视觉效果. 基于视角显著性，Castelló 等[95]提出了视角显著性网格简化算法，通过给视角重要区域赋予较大的权重，使网格简化后仍能保留这些重要的区域. 如图 1－12 所示，可以看出图 1－12(b)顶部模型可以更好地保留模型鼻子、嘴和眼这些重要的细节部分.

(a) 原始模型　(b) 带有（顶部）和不带有（底部）显著性指导的网格简化结果　(c) 显著图

图 1－12　基于显著性指导的网格简化[95]

(7) 网格分割

网格分割是图形学领域中的一个经典研究内容，它是三维形状分析和理解的重要组成部分. 其目标是将复杂模型分割为一些互不相交、简单的子对象. 网格分割主要有几何分割和语义分割. 前者基于曲面的某种几何属性来实现分割；后者则是基于人类视觉感知或语义来实现分割. 近年来，科研人员提出了基于显著性度量的网格分割算法. Song 等[6]将局部多尺度显著性与全局光谱响应相结合，提出了一种自底向上网格显著性检测方法，并把网格显著性用于指导网格分割. Wang 等[63]在 Shlafman 等[8]网格分割算法中添加显著性来指导 K-means 聚类进行分割. 如图 1－13(a)、(c)所示，基于显著性指导的网格分割结果更合理，不同分割部分的边界与模型的整体结构密切相关,有效地改善了图(b)和图(d)的分割结果.

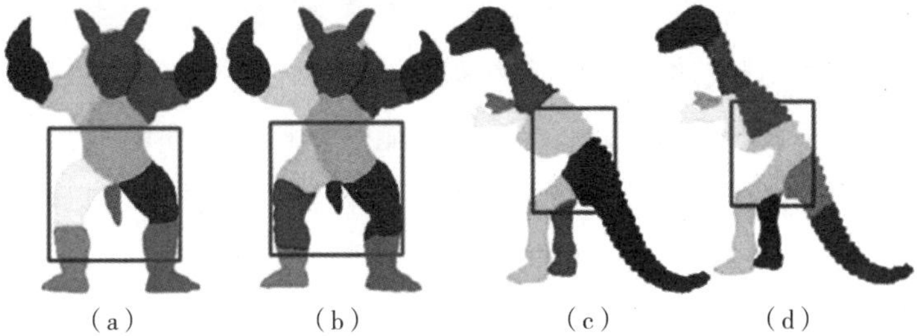

图 1-13 基于显著性指导的网格分割[96]
[(a)和(c)显著性指导 *K*-means 方法网格分割[63]
(b)和(d)*K*-means 方法网格分割[96]]

(8) 网格缩放

网格缩放是一种特殊的网格变形技术,通常是沿着几个正交方向缩放或拉伸模型以适应新的规定尺寸. 网格缩放为创建丰富的几何内容提供了一种有效的机制,特别是将模型放置在不同场景中,有必要通过缩放来调整模型大小以适应场景的变化. 因此网格缩放受到研究人员的广泛关注. 网格缩放的关键是视觉上模型的显著区域应尽可能地保持不变. 基于这一思想,Jia 等[52]提出了一种非均匀网格缩放方法. 网格缩放时尽量保持显著区域网格大小不变,而调整不显著区域的网格大小. 如图 1-14 所示,基于显著性指导的网格缩放结果在视觉上更具有吸引力.

图 1-14 基于显著性指导的网格缩放

(9) 手工制作

手工制作艺术品中常见的有纸模型，纸模型又称卡片模型，是一种由纸(厚纸张或卡片)制成的模型. 由于纸模型的表面会存在一些更易被抓取或触摸的区域，很容易损坏. 如果这些区域能够用比较坚固的纸张材料来制作，则制造出的纸模型更能保持形状而不易破裂. 基于这一思想，Lau 等[11]应用显著性指导纸模型材料的选取. 首先将模型简化为含有较少三角面片且保持模型形状的网格；然后计算模型的显著图，并将模型所有顶点的显著值离散为固定数量的类别，以使每个类可以用一种材料制成；最后将不同类的图案用粘在一起. 图 1－15 展示了兔子和狗模型，纸张分别为较软纸张、普通纸张、较厚纸张、类似硬纸板纸张. 比如狗模型的头部和兔子模型的耳朵是很容易被触摸的，用较厚纸张能够使其更结实、耐用.

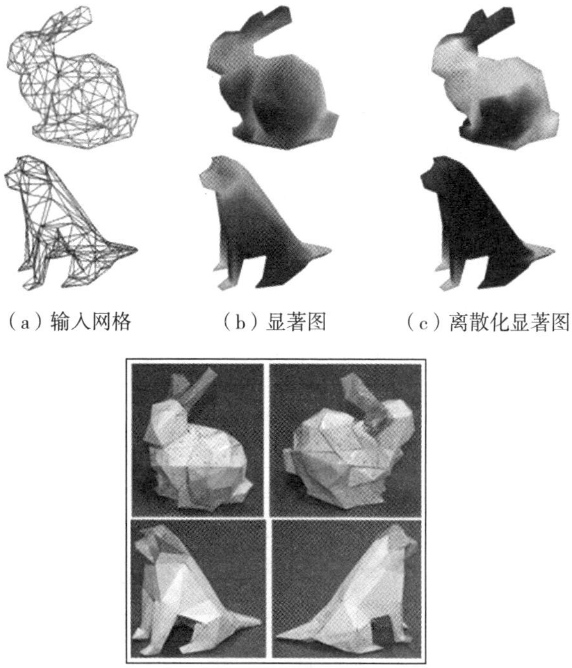

(a) 输入网格　(b) 显著图　(c) 离散化显著图

(d) 纸模型

图 1－15　基于显著性指导的手工制作[12]

1.5 本书的主要工作

本书围绕不同类型数据的显著性检测问题展开研究，提出了不同的显著性检测方法. 首先，针对二维图像数据显著性检测问题，提出了基于通勤时间距离的显著性检测方法. 该方法应用通勤时间距离度量区域之间的相似性开展显著性检测. 通勤时间距离既是一种鲁棒的度量参数，同时又是有效地抑制背景噪声带来的影响的工具. 其次，针对三维几何数据显著性检测问题，提出了两种显著性检测方法. 第一种是面向网格数据表示模型的基于信息熵的显著性检测方法. 该方法应用顶点局部邻域法向量熵来刻画网格顶点的显著性，算法简单且在运行时间上具有一定优势. 第二种是面向点云数据表示模型的一种基于深度学习形状对应的抓取显著性检测方法. 该方法提出了一个非刚性形状对应策略，用以增广有限的训练数据集；此外，在深度神经网络中引入了模型几何形状的全局特征，使得网络具有了模型的全局结构信息，用以提升网络性能. 本书主要分为 5 个章节，各章节的具体内容安排如下.

第 1 章，绪论.

在介绍研究背景和意义基础上，较详细地介绍了显著性检测的基本理论和实际应用，并对显著性检测相关方法进行综述.

第 2 章，基于通勤时间距离的显著目标检测算法.

针对图像显著目标检测问题，提出了一种基于通勤时间距离度量区域间相似性的显著目标检测方法. 首先应用聚类算法检测图像边界的背景种子点，构建初始背景先验图；其次利用兴趣点构建包围显著目标的凸包，提取凸包内置信的前景种子点诱导其他区域的显著性，构建改进凸包先验图；最后将两个显著图融合，得到最终的显著图. 算法中所涉及的图像区域间的特征对比，均应用了新颖而鲁棒的通勤时间距离.

第 3 章，基于信息熵的网格显著性检测算法.

针对网格显著性检测问题，提出一种基于信息熵的网格显著性检测方法. 根据网格局部几何形状变化较大的区域是显著区域这一原则，应用法向量的信息熵来度量局部邻域形变，将信息熵与网格显著性问题有效地结合在一起,并基于显著性来指导网格简化和网格光滑任务.

第 4 章,基于深度学习的形状对应抓取显著性分析.

针对三维形状抓取显著性检测问题,提出了一种基于深度学习的形状对应抓取显著性分析算法.该方法提出了一个非刚性形状对应策略,通过三维形状之间的形状对应实现显著值的有效迁移,从而获得一个较大规模的数据集.同时,考虑到三维形状的抓取任务不仅与模型的局部几何特征有关,而且还应与模型的整体结构信息相关.因此将模型的全局特征融合到深度神经网络,用以增强网络的语义理解能力.实验结果表明,基于增强的数据集及融合全局特征进行的网络训练,使模型同时具有了局部特征和整体结构信息,有效提升了模型的泛化性和稳定性.

第 5 章,结论与展望.

对本书的工作内容进行总结,进一步阐述了本书的创新之处,同时在现有工作基础上对未来的工作进行了展望.

第2章 基于通勤时间距离的显著目标检测算法

2.1 引言

图像的显著区域是有效刺激人类视觉神经元的区域，由于其在各种计算机视觉任务中的出色应用，如图像显示适配技术[98]、图像裁剪技术[76]等，已然成为计算机视觉研究的热点. Itti 等[4]从心理学和生物学的角度分析了人类视觉系统在处理图像场景时的运作机制，提出了图像显著性检测算法. 自此解决该问题的算法层出不穷. 根据任务的不同，图像显著性检测问题可以分为两类：观察图像时人眼注视点的检测[6,99]和图像中完整显著区域的检测[14,16,18-19,100-107]. 根据算法的不同，图像显著性检测可以分为两类：数据驱动的自下而上的算法和目标驱动的自上而下的算法. 本章主要关注数据驱动的自下而上的图像显著目标检测算法，该类方法一般基于一定的先验假设，进而检测出图像中显著目标区域.

对比度先验是假设显著区域与背景区域在特征上差异较大. Liu 等[108]仅在颜色空间中采用欧氏距离度量区域间的差异，而忽略了不同区域间的邻接关系；Zhu 等[109]从特征分布的角度利用 Wasserstein 距离，通过全局区域和局部区域特征性质进行对比来检测显著区域，准确地度量了区域间的相似性；Wu 等[110]在特征空间中计算区域间的距离，主要利用主成分分析方法将特征向量降维. 虽然该方法在一定程度上克服了噪声的干扰，但其对特征向量结构的破坏也会出现度量不准确的情况. Wei 等[111]在图像上利用超像素构建无向图，并用测地距离来度量区域间的差异，但是测地距离是计算节点间最短路径的距离，对图像中小尺度高对比区域比较敏感，从而造成检测误差较大.

背景先验是假设图像的边界是背景区域,同时背景区域是连通的且特征变化较为平缓. Wei 等[101]同样选取图像边界处为背景区域,对比图像中其他的区域,进而得到基于背景先验的显著图. 但有时图像的边界并不全是背景区域,显著目标有可能占据图像边界的某一部分. 对于这类情况,传统的背景先验算法效果不太理想. Sun 等[102]和 Xie 等[103]通过计算图像中特征明显的 Harris 角点,进而构建包围显著区域的凸包,从而粗略地定位了显著目标的位置. 进一步假设凸包内的区域是显著区域,结合对比度先验诱导其他区域的显著性值. 但凸包内的区域并不一定完全是显著区域,也会包含部分背景区域,因而单一地假设其完全是前景区域有时也是不合理的.

针对以上存在的问题,本章提出了基于通勤时间距离来检测图像显著目标的方法,同样结合背景先验和对比度先验来进行检测. 首先利用 K-means 聚类的方法提取图像中置信的背景种子点,进而利用背景种子点诱导出凸包内的前景种子点;然后,通过两次应用通勤时间距离来度量图像中不同区域间的特征差异,获取显著图. 相比于测地距离易出现小尺度高对比对背景区域造成的影响,通勤时间距离是一种更加鲁棒的度量方式,而且更易于计算.

本章的组织结构如下:第 2.2 节介绍了相关理论知识和算法;第 2.3 节介绍应用通勤时间距离度量区域显著性的算法流程;第 2.4 节展示实验结果并验证本章算法的有效性;第 2.5 节对本章工作进行归纳总结.

2.2 相关理论和算法

2.2.1 超像素算法

简单线性迭代聚类分割(simple linear iterative clustering,SLIC)算法是 Achanta 等[112]提出的一种图像分割方法,通常用于视觉任务前对图像进行预处理. SLIC 算法将图像分割为若干个超像素块,这些超像素块是指具有一定视觉意义的不规则像素块. 像素块中包含的像素具有颜色、亮度和纹理等特征相似的相邻像素,并能较好地保留图像边界信息. SLIC 算法是在 CIELab 颜色空间中计算,利用每个像素点的颜色特征分量 $[l,a,b]$ 以及像

素点的坐标 $[x, y]$ 组成一个新的代表每个像素的 5 维特征向量 $[l, a, b, x, y]$，使用 K-means 聚类方法进行多次聚类计算获得. 假设一幅图像的像素点个数为 N，如果将其划分为 K 个超像素块，每个超像素块大约包含 N/K 个像素点，相邻聚类中心点的距离为 $\sqrt{N/K}$. 然后，定义像素点之间的距离为

$$\begin{cases} d_{lab}=\sqrt{(l_k-l_i)^2+(a_k-a_i)^2+(b_k-b_i)^2}; \\ d_{xy}=\sqrt{(x_k-x_i)^2+(y_k-y_i)^2}; \\ D_s=d_{lab}+\dfrac{m}{S}d_{xy}. \end{cases} \tag{2-1}$$

其中，k 表示第 k 个超像素的聚类中心；i 表示第 i 个像素点；$S=\sqrt{N/K}$ 表示种子之间的距离；m 是用于控制超像素紧致程度的常数，m 越小则位置距离起到的作用就越小，本章设置 $m=20$；d_{lab} 表示像素间颜色距离；d_{xy} 表示像素间空间距离；D_s 表示像素间颜色和空间距离的加权和.

通过上述方法，可以计算出图 2-1 的超像素分割图，具体算法流程参见算法 1. 从图 2-1 可以观察到，尽管两幅图像超像素个数不同，但像素块紧凑、内部像素色彩特征相近且大小均匀. 由于 SLIC 算法需要人为设定的参数比较少，因此使用起来也比较简单；以超像素为基本单元来表示图像的特征，用少量的超像素来代替大量的像素，降低了图像处理过程中的计算复杂度，并且算法效率也较高. 大多数的图像显著性检测方法采用 SLIC 算法作为图像预处理的一种技术.

（a）输入图像 （b）超像素图（K=200） （c）超像素图（K=500）

图 2-1 基于 SILC 算法分割图

算法1：SLIC算法流程

Input：超像素个数 K

Output：像素标签矩阵

1. 初始化种子点（聚类中心），在图像中选择 k 个像素点作为初始种子点 C_k，其中 $C_k=[l_k,a_k,b_k,x_k,y_k]$；

2. 在小的邻域范围内计算每个像素点的梯度值，将种子点移动到梯度小的像素点；

3. 在 C_k 的 $2s\times 2s$ 邻域内，依据公式(2-1)对像素进行聚类，得到新的种子点，为每个种子点邻域内的像素分配分类标签；

4. 分割完，计算聚类标签相同的所有像素颜色、坐标的平均值，赋给新的种子点 C_k'；

5. 计算新旧种子点之间的 L_1 范数距离；

6. 重复上面迭代计算，直到每个聚类的新旧种子点的 L_1 距离小于设定的阈值.

2.2.2 构建凸包

相比于考虑像素点颜色、位置等性质的先验知识，凸包则通过图像本身的一些特征分布获取一个粗略区域，这个突出特征的显著区域可以大致匹配人眼的注意范围. 图像处理中，凸包的构建一般通过检测 Harris 角点来完成. 角点检测作为一种提取图像特征的方法已在计算机视觉领域得到广泛的应用. 人们通过检测到的角点关注最感兴趣的区域，从而减少不必要的计算时间. 更重要的是，人们可以直观地看到有价值的信息. 角点检测有基于亮度增强和基于颜色增强两种算法.

1988年，Harris 等[113]提出了一种基于亮度增强的角点检测算法，该算法只考虑图像的灰度信息. 给定一幅灰度图像 I，像素点 (x,y) 的灰度值是 $I(x,y)$，以任意像素点 (x,y) 为中心，在窗口中小幅度平移 $(\Delta x,\Delta y)$ 用于构造小的图像块，可以计算图像块内所有像素点的灰度值变化为：

$$E(x,y)=\sum_{(x,y)\in w(x,y)} w(x,y)(I(x+\Delta x,y+\Delta y)-I(x,y))^2. \tag{2-2}$$

其中，$w(x,y)$是一个加权函数，可以是高斯函数或者常数；为了有效抑制噪声，这里设定为高斯函数$w(x,y)=\exp(-(x^2+y^2)/2\sigma^2)$. 然后应用泰勒公式进行一阶展开得：

$$E(x,y)=\sum_{(x,y)\in w(x,y)} w(x,y)[(I_x(x,y)\Delta x+I_y(x,y)\Delta y)+o(\Delta x^2+\Delta y^2)]^2. \tag{2-3}$$

其中，$I_x(x,y)$和$I_y(x,y)$是$I(x,y)$的偏导数，即分别表示像素点(x,y)水平方向和垂直方向的梯度. 则灰度值变化的平方和$E(x,y)$可以近似地表示为：

$$\begin{aligned} E(x,y) &\approx \sum_{(x,y)\in w(x,y)} w(x,y)\left([I_x(x,y),I_y(x,y)]\cdot\begin{bmatrix}\Delta x\\ \Delta y\end{bmatrix}\right)^2 \\ &=[\Delta x,\Delta y]\boldsymbol{M}\begin{bmatrix}\Delta x\\ \Delta y\end{bmatrix}. \end{aligned} \tag{2-4}$$

其中，矩阵$\boldsymbol{M}$表示图像灰度结构的局部特征，表示为：

$$\boldsymbol{M}=w(x,y)\otimes\begin{bmatrix}I_x^2 & I_xI_y\\ I_xI_y & I_y^2\end{bmatrix}. \tag{2-5}$$

公式(2-4)通常被看作局部自相关函数，矩阵M的两个特征值λ_1,λ_2与局部自相关函数的主曲率成正比例. 因此，角点、边缘和平坦区域可以通过λ_1,λ_2值的大小来判定. 如果两个特征值都非常大且比较接近，则表示自相关函数沿着各个方向数值都比较大，该像素点与邻域内像素点有较大差异，像素点视为角点；如果一个特征值大一个特征值小，则表示自相关函数在某一个方向上取值较大，该像素点在某一个方向上变化较大，在其他方向比较小，则像素点位于边缘；如果两个特征值都非常小且相差不大，则表示自相关函数沿着各个方向的取值都非常小，该像素点与邻域内像素点相似，则像素点位于平坦区域.

实际应用过程中，检测 Harris 角点时不需要计算矩阵 $\boldsymbol{M}$ 的特征值，而只需计算角点的响应值 R. 如果像素点的角点响应值大于给定的阈值，则认为该像素点为角点. 如果像素点的角点响应值大于给定的阈值，则认为该像素点为角点. 计算响应值 R 公式为

$$R=\det(\boldsymbol{D})-\alpha\cdot\operatorname{tr}(\boldsymbol{D}). \tag{2-6}$$

其中，$\det(\boldsymbol{D})=\lambda_1\lambda_2$ 为矩阵的行列式，$\operatorname{tr}(\boldsymbol{D})=\lambda_1+\lambda_2$ 表示矩阵 $\boldsymbol{D}$ 的迹，$\alpha\in[0.04,0.06]$.

基于亮度的 Harris 角点仅仅考虑了图像灰度信息而忽略颜色信息，对于图像特征较为复杂的情况下鲁棒性较差，所检测出的角点多数位于背景区域. 针对这一问题，Weijer 等[114]提出了一种综合考虑图像亮度、颜色信息的颜色增强 Harris 角点检测算法. 该算法以信息论里的信息量来比较两个像素点的角点值大小. 首先，计算颜色导数，并用一个椭球体来模拟颜色导数的分布信息；然后，通过计算颜色导数的协方差矩阵来估计椭球体的参数，得到颜色增强函数 g，把函数 g 代入 Harris 角点矩阵 $\boldsymbol{M}$ 中，得到新的矩阵 $\boldsymbol{M}'$：

$$\boldsymbol{M}'=w(x,y)\otimes\begin{bmatrix} g(I_x)^2 & g(I_x)g(I_y) \\ g(I_x)g(I_y) & g(I_y)^2 \end{bmatrix}. \tag{2-7}$$

通过上述方法，检测的角点多数位于图像显著目标附近，少量角点位于图像边界处. 为了获取显著目标的粗略位置，一般需要剔除掉图像边界处的角点. 因此，包含剩余角点的最小凸包最大可能是图像的显著区域. 构建凸包的过程如下：

(1) 利用颜色增强 Harris 角点算法检测图像中角点，得到角点集合 $P=\{x_i,y_i\}$.

(2) 剔除靠近图像边界附近的点，剩余角点的集合为 $P'=\{x_i',y_i'\}$.

(3) 在角点集合 $P'=\{x_i',y_i'\}$ 中搜索最右下方的角点. 然后，沿着顺时针方向寻找与该角点水平正方向夹角最小的点，用直线连接. 以找到的角点为基点，按照类似的方法继续寻找下一个角点，以此类推不断寻找.

(4) 当搜索结束后，会得到一个包含所有角点的凸包(图 2-2). 可以看到，虽然凸包内所包含的区域多数为显著目标，但也包含了少量的背景区

域. 为了提升图像显著目标检测算法的性能，本章将对凸包内的前景区域作进一步处理，进而得到更加准确的前景种子点.

（a）输入图像　　（b）角点　　（c）凸包

图 2－2　凸包构建流程图

2.2.3　通勤时间距离

通勤时间距离[115]在图形学中有着非常广泛的应用，其是无向图上两个节点间的距离的有效度量. 本章将通勤时间距离应用到图像显著目标检测中，用其度量区域间的特征差异，并取得了较好的实验结果.

通勤时间距离的定义发展于概率论中的随机游走理论，随机游走是一种成熟的概率模型. 随机游走主要基于图模型进行讨论. 首先，定义一个具有对称权重的无向图 $G=(V,E)$，其中 $V=\{x_1,x_2,\cdots,x_n\}$ 是节点，E 是连接节点的边，并赋有权值 $w_{i,j}=(i,j\in V)$，表示两个节点之间的相似度. 若 $w_{i,j}=0$，表示两个节点之间没有直接的关联. 无向图上从节点 i 到达节点 j 的随机游走概率可以定义为：

$$p_{i,j}=\frac{w_{i,j}}{\sum_{t}w_{i,j}},\quad t\in\theta(i).\qquad(2-8)$$

其中，$\theta(i)$是包含所有与节点 i 相连接的节点集合.

从上式的定义可以明显看出，节点间边权值越大，以这种方式进行随机游走时，通过这条路径的概率越大. 从节点 i 开始，以概率 p_{ij} 达到节点 j，依此类推，将首次到达节点 j 的期望步数定义为第一次命中的时间(average first hitting time)[116-117]：

$$\begin{cases} h(j \mid i)=0; \\ h(j \mid i)=1+\sum_{k=1}^{n} p_{ik} h(j \mid k), i \neq j. \end{cases} \tag{2-9}$$

该度量标准以概率的形式全面考虑了从节点 i 到节点 j 所有连接路径. 因此,在描述 x_i 和 x_j 之间的相似性时相比于最短路径距离则更加的鲁棒,也就是说,受邻域内短路边的影响比较小,且在一定程度上反映了节点间的内部几何结构. 但该度量标准不是对称的,对称之后的通勤时间距离[116-118]为:

$$d_c(i,j)=h(j|i)+h(i|j). \tag{2-10}$$

实际上,节点 i 与节点 j 间存在多条路径,由于随机游走过程的概率行为,每次从节点 i 到达节点 j 的游走路径不完全相同,由此定义的游走概率并非定值. 在此基础上定义的公式(2-10)取定值的通勤时间距离,它揭示从节点 i 到达节点 j 再回到节点 i 的平均游走时间.

接下来,在无向图的基础上定义 Laplace 矩阵 $\boldsymbol{L}$:$\boldsymbol{L}=\boldsymbol{D}-\boldsymbol{W}$. 其中,$\boldsymbol{D}$ 是度矩阵,即为一个对角矩阵

$$\boldsymbol{D}=\begin{bmatrix} d_{11} & \cdots & 0 \\ \vdots & & \vdots \\ 0 & \cdots & d_{nn} \end{bmatrix}, \tag{2-11}$$

这里 $d_{ii}=\sum_{j=1}^{n}$ 为节点 x_i 的度. $\boldsymbol{W}=(w_{i,j})_{n\times n}$ 是邻接矩阵或者是相似矩阵. 则:

$$L(i,j)=\begin{cases} -w_{i,j}, & (i,j)\in E; \\ d_{ii}, & i=j; \\ 0, & 其他. \end{cases} \tag{2-12}$$

根据文献[116-118]的证明,从节点 i 到达节点 j 的通勤时间距离可以通过 Laplace 矩阵的广义逆矩阵(Moore-Penrose pseudoinverse)计算得到:

$$d_c(i,j)=\mathrm{vol}(G)\times(l_{ii}^{+}+l_{jj}^{+}-2l_{ij}^{+}). \tag{2-13}$$

其中 $\mathrm{vol}(G)=\sum_{ij} w_{ij}$, $l_{ij}=[L^{+}]_{ij}$, L^{+} 是 Laplace 矩阵的 Moore-Penrose 逆.

等价地,Qiu 等[119]从 Laplace 矩阵的特征分解角度定义通勤时间距离为:

$$d_c(i,j)=\mathrm{vol}\,G\sum_{k=2}^{|V|}\frac{1}{\lambda_k}\left[\frac{\phi_k(i)}{\sqrt{d_{ii}}}-\frac{\phi_k(j)}{\sqrt{d_{jj}}}\right]^2. \tag{2-14}$$

其中，λ_k，ϕ_k 是 Laplace 矩阵特征值和特征向量. 因此，节点 i 到节点 j 间的通勤时间距离也可以看作两者在特征空间的差异(特征向量的差值). 综合以上分析，通勤时间距离的优势如下：

(1) 与传统的 l_p 范数不同，通勤时间距离建立在概率模型上，同时考虑两节点间的所有可行途径. 因此与测地距离和欧氏距离相比能够更好地描述节点在图像上的分布.

(2) 由于通勤时间距离考虑了节点间的所有可行路径，而非单一路径，因此通勤时间距离是一种更加鲁棒的度量方式，尤其是能够避免噪声带来的影响.

(3) 从计算角度分析，通勤时间距离更易于计算. 因为在计算每两个节点间的通勤时间距离时只需解决一次 Laplace 矩阵的 Morre-Penrose 广义逆的求解问题，而且本章的 Laplace 矩阵是稀疏矩阵，因此求解复杂度低. 而计算测地距离时，生成一对节点间最短路径的 Dijkstra 算法的计算量为 $O(n^2)$，在本章算法的框架下，需调用 $O(n)$ 次 Dijkstra 算法，因此时间复杂度为 $O(n^3)$，从而增加了冗余的计算时间.

2.3 算法描述

2.3.1 构建无向图

本章算法是基于超像素进行图像显著目标检测. 首先，利用简单线性迭代聚类分割(simple linear iterative clustering, SLIC)算法[112]对图像进行分割，把图像分割成 K 个大小均匀的超像素. 在 CIELab 颜色空间上进行计算，用区域中所有像素的颜色特征的平均值作为该超像素的特征，记为 $\{c_i\}_{i=1}^{K}$. 并依据 Harel[28]提出的方法构建无向图 $G=(V,E)$ (图 2-3). 将超像素 V 作为节点，$E=\{e_{ij}\}$ 是无向图的边，e_{ij} 表示节点 V_i 与 V_j 之间的边. 针对不同的求解问题，可以相应地定义节点间的关联关系和权值矩阵. 由于图像边界的超像素一般是特征相近的背景区域，所以在无向图上连接任意两个边界的超像素，以减小相似区域间的通勤时间距离. 节点间边的权值 w_{ij} 不仅表现了两节点的空间位置关系，而且还蕴含了两节点间的特征差异. 如果边的权值较大，则视为两节点强相连；反之，如果边的权值较小，则视为两节点弱相连. 因此，可以定义边的权值为：

$$w_{ij}=\begin{cases}\exp\left(\dfrac{\| c_i - c_j \|}{\sigma_w^2}\right), & j\in\mathcal{N}(i);\\ 0, & \text{其他}.\end{cases} \tag{2-15}$$

其中，c_i，c_j 分别是节点 i 和 j 的颜色特征. σ_w 是常数，设定 $\sigma_w=6$，控制权重的重要性，$\mathcal{N}(i)$ 是表示节点 i 的二环邻域内节点集合.

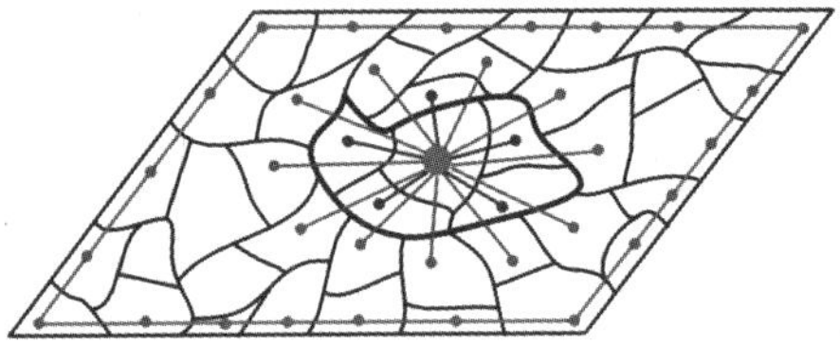

图 2-3　基于图像的无向图示例

2.3.2　背景先验图

Borji[120]已证明图像的边界很有可能是背景区域，遵循这一假设，本章将图像边界处的超像素作为背景种子点. 但是，观察几个大型的图像库发现，显著目标占据图像边界的情况也较为常见. 而且出现这种情况时，边界超像素通常存在两种特征：属于显著区域或者背景区域. 另外，由于处于图像边界的超像素一般是特征相近的背景区域，总是均匀连通的且背景像素居多，因此，为了提取更为置信的背景种子点，应用经典的 K-means 算法将图像边界处的超像素聚为两类，超像素个数较多的一类作为背景种子点，记为 $\{b_j\}_{j=1}^{N_b}$，其中 N_b 为背景种子点个数. 根据对比先验的假设，如果某超像素与背景种子点的特征差异度较大，则该超像素极有可能是显著目标区域. 应用通勤时间距离公式(2-14)计算超像素 i 的显著值，所得的显著图如图 2-4(b)所示，计算公式为

$$S_b(i)=\frac{1}{N_b}\sum_{j=1}^{N_b} d_c(i,b_j). \tag{2-16}$$

其中，$d_c(\cdot,\cdot)$ 表示节点间的通勤时间距离.

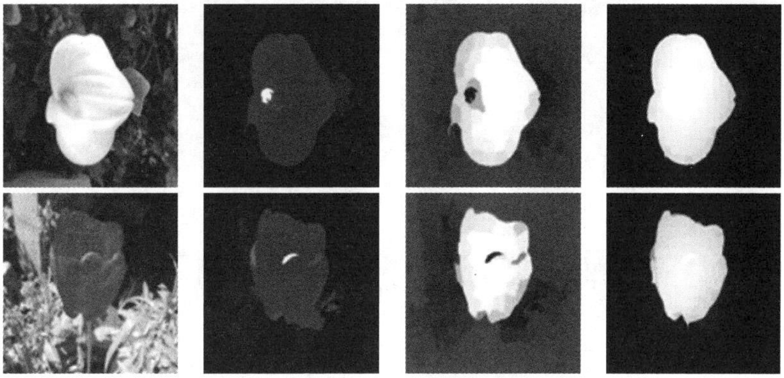

（a）输入图像　（b）背景先验显著图　（c）改进凸包先验显著图　（d）先验融合显著图

图 2－4　各阶段显著图

2.3.3　改进凸包先验图

应用 Yang 等[105]的算法构建包围显著目标的凸包. 凸包内部区域大部分是显著区域，而凸包外部区域通常为背景区域. 应用凸包方法最大的优势是避免了中心周围对比方法带来的问题，可以获取更多的显著目标信息. 首先，应用前面介绍的基于颜色增强的 Harris 角点检测算法[113,121]，检测出图像中含有丰富信息、特征稀有的 Harris 角点，如图 2－5(b)所示. 这些点能够有效地捕捉图像中显著目标区域的边界点，可以观察到大部分的角点围绕在图像显著区域附近，可以提供显著目标的粗略位置. 为了减少一些背景的影响，我们排除图像边界处的角点，使得在构建凸包时尽量包含较少的背景区域的角点. 则包围剩余 Harris 角点的最小凸包即是所求的包围显著目标的凸包，如图 2－5(c)中白色多边形所包含的区域.

可以看到，图 2－5(c)中的凸包内仍含有大量的背景区域，为了提升算法准确性，通过计算凸包内和凸包外的超像素的特征差异度来进一步提取前景种子点. 容易知道，背景区域之间是相似的，而显著区域与背景区域之间的差异是比较大的. 因此，可以通过计算凸包内的超像素与 2.3.2 小节中

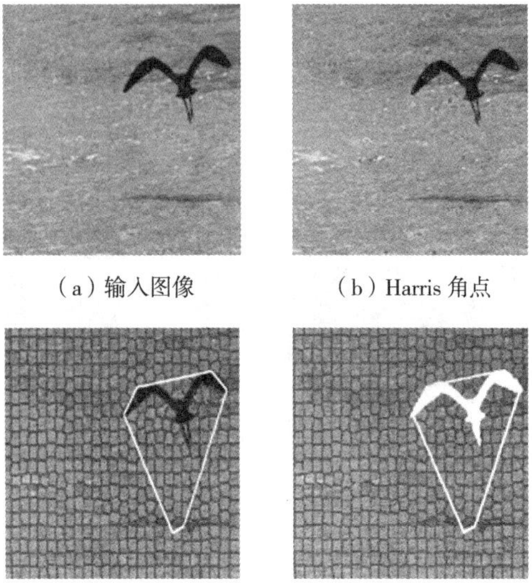

（a）输入图像　（b）Harris 角点

（c）凸包　（d）前景种子点

图 2-5　改进凸包先验流程图

所提取的背景种子点 $\{b_j\}_{j=1}^{N_b}$ 之间的差异度来提取前景种子点，即剔除那些与背景种子点差异度小的凸包内的超像素，而保留住差异度较大的凸包内超像素. 应用公式(2-17)提取凸包内前景种子点 $\{f_j\}_{j=1}^{N_f}$，其中 N_f 是凸包内前景种子点的数目.

$$\begin{cases} i \in \{f_j\}, & \sum_{j=1}^{N_b} d_c(i, b_j) > t; \\ i \notin \{f_j\}, & \text{其他}. \end{cases} \tag{2-17}$$

其中，t 是自适应阈值，设定为凸包内所有超像素显著值的平均值. 如图 2-5(d)所示，前景种子点包含在白色线框中. 确定了凸包内前景种子点后，再一次应用通勤时间距离计算其他超像素的显著性值，显著值定义为：

$$S_c(i) = 1 - \frac{1}{N_f} \sum_{j=1}^{N_f} d_c(i, f_j). \tag{2-18}$$

通过公式(2-17)的计算，能够提取更加置信的前景种子点，同时有效地剔除了与背景区域相近的点. 图 2-6 展示了利用原始凸包计算的显著图(将凸包中全部超像素作为前景种子点)及利用改进后凸包计算的显著图. 实验结果表明，改进后凸包先验检测的显著性结果能够较好地抑制背景，同时可以更加有效地突出显著目标.

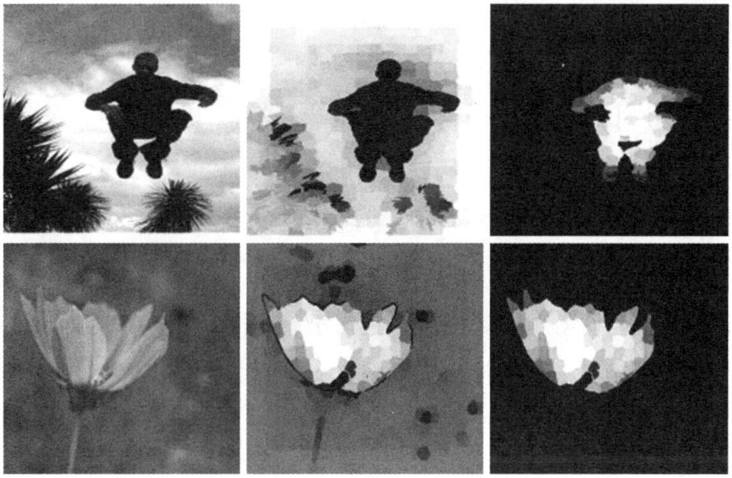

（a）输入图像　（b）原始凸包显著图　（c）改进后凸包显著图

图 2－6　原始凸包先验和改进凸包先验显著性检测结果比较

2.3.4　融合先验

通过实验观察，本章提出的背景先验和改进的凸包先验具有互补关系. 应用边界背景先验得到的检测结果能够有效抑制背景区域，但对显著目标的检测效果不理想. 改进后的凸包先验检测结果能够提供显著目标区域的粗略的位置，并能有效剔除凸包中的背景区域，均匀地突出了图像中的显著目标区域. 由于两者之间存在的互补关系，利用乘法对两个先验进行融合，得到每个超像素最终的显著值. 通过融合这两个显著图可以起到互相增强或补充的作用，使得检测的结果更加突出、完整. 最后，将超像素区域的显著值对应的赋给区域内的每个像素，得到整幅图像像素级别的显著值：

$$S_{fsal}(i) = S_b(i) \times S_c(i). \tag{2-19}$$

各阶段显著性检测结果如图 2－4 所示，可以看到，通过本章算法获取了较好的显著目标检测结果. 具体算法流程参考算法 2.

算法 2:基于通勤时间距离的图像显著目标检测算法

Input:输入图像 I.

Output:像素级显著图 $S_{fsal}(i)$.

1. 利用 SLIC 方法将图像 I 过分割成超像素,以超像素为节点,构建无向图 $G=(V,E)$;

2. 利用 K-means 算法提取图像边界的背景种子点 $\{b_j\}_{j=1}^{N_b}$,应用公式(2-14)计算显著图 S_b;

3. 构建包围显著目标的凸包,同时检测凸包内的前景种子点 $\{f_j\}_{j=1}^{N_f}$,应用公式(2-14)计算显著图 S_c;

4. 融合先验,计算得出显著值 $S_{fsal}=S_b\times S_c$.

2.4 实验结果与分析

本节将介绍数据集和图像显著目标检测算法的评价指标,同时为了验证提出算法的有效性,进行大量的对比实验,并与其他算法进行比较.

2.4.1 数据集和测评方法

本章分别在 MSRA-5000[108] 和 MSRA-1000[15] 两个大型国际公开数据集上测试本章提出的算法,并与多个算法进行比较. MSRA-5000 数据集由 Liu 等[108] 提供,其包含 5 000 张自然场景图像,图像场景特征丰富;一般包含一个显著目标,并包含显著目标矩形真值标记结果,如图 2-7(a)所示. MSRA-1000 数据集是由 Achanta 等[15] 于 2009 年从 MSRA-5000 图像库中选取 1 000 幅图像,并人为标注了具有精确显著目标边界的真值结果,如图 2-7(b)所示.

常用的图像显著目标检测算法性能评价指标包括 PR-曲线(precision-recall curves)、AUC(area under curve)、F-measure、MAE(mean absolute error)、S-measure(structure-measure)等.

（a）MSRA-5000 数据集和真值　（b）MSRA-1000 数据集和真值

图 2－7　数据集和真值

PR-曲线是评价图像显著目标检测算法优劣的重要指标. 准确率 p (precision)是指算法正确预测指标，定义为正确检测的显著像素个数与检测到的所有显著像素数的比；而召回率 R(recall)定义为正确检测显著像素个数与真实显著像素个数的比. 分别表示为：

$$p=\frac{|F\cap G|}{|F|},\tag{2-20}$$

$$R=\frac{|F\cap G|}{|G|},\tag{2-21}$$

其中，F 是检测为显著像素的个数，G 是真值为显著像素的个数.

首先，通过阈值对测试数据库中所有显著性图进行二值化分割，阈值取值范围为[0,255]. 将显著值大于阈值的像素分类为显著目标像素（标注为1），反之则分类为背景区域像素（标注为 0）. 通过这样的二值分类，将得到一个二值化的分割图. 然后，与人为标记的二值化真值图进行比较，计算出准确率和召回率. 为了得到更加可靠的显著图，Achanta 等[15]设定 256 个阈值

T_f，将每幅图像分割成256个二值图，然后根据每个阈值下的二值显著性图分别计算准确率与召回率的平均值. 最后，以召回率为横坐标，准确率为纵坐标，绘制出PR-曲线，绘制的曲线越高，说明检测的结果越好.

F-measure综合考虑准确率与召回率指标，是准确率和召回率的调和平均数，定义为：

$$F_\beta=\frac{(1+\beta^2)p\times R}{\beta^2\times p+R}, \tag{2-22}$$

其中，$\beta^2=0.3$，使该评价指标更侧重强调准确率的重要性.

AUC指标表示PR-曲线下方的面积，同样综合考虑算法的准确率与召回率，AUC的值越大，说明算法的性能越好. 因此，为了验证本章算法的有效性，采用了准确率p，召回率R，F-measure和AUC四个指标综合衡量显著目标检测的结果.

2.4.2 实验细节

根据经验，应用SLIC分割算法对图像进行分割，设定超像素的个数$N=500$. 由于在选用背景种子点处应用了K-means聚类方法，耗费时间较长，因此与其他算法时间相比优势不明显，但与Wei等[101]的算法相比仍有一定优势. 两种算法同在处理器2.5 GHz，4 G内存计算机上实现. Wei等[101]的算法运用C++实现，平均执行时间为7.438 s；本章算法应用Matlab实现，平均执行时间为1.847 s.

2.4.3 算法整体性能测评

为了验证本章提出算法的优势，作者在两个大型图像数据集MSRA-1000[15]和MSRA-5000[108]上进行实验测试. 并与11种算法进行了比较，分别是：Itti[4]，CA[13]，CB[14]，FT[15]，RC[17]，SF[18]，GB[28]，GS_SP[101]，PBS[105]，BMS[106]和SR[107].

图2-8(a)展示了本章算法与其他9种算法在MSRA-1000数据集上的实验结果. 从PR-曲线和F-measure数据可以看到本章提出的算法优于大部分算法，尽管在准确率指标PBS[105]略高，但与SF[18]、CB[28]和BMS[106]算法基本达到相同的效果.

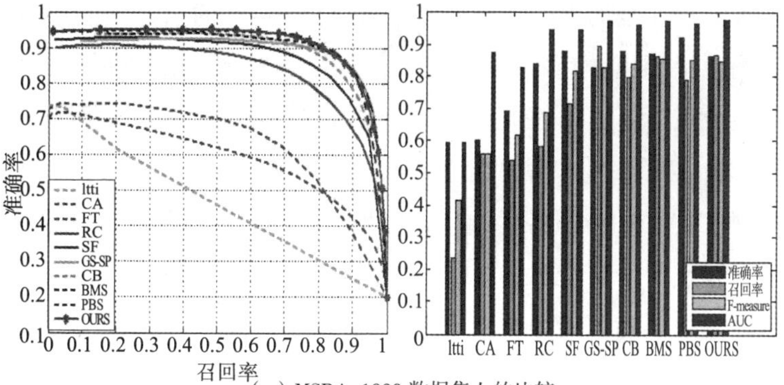

（a）MSRA-1000 数据集上的比较

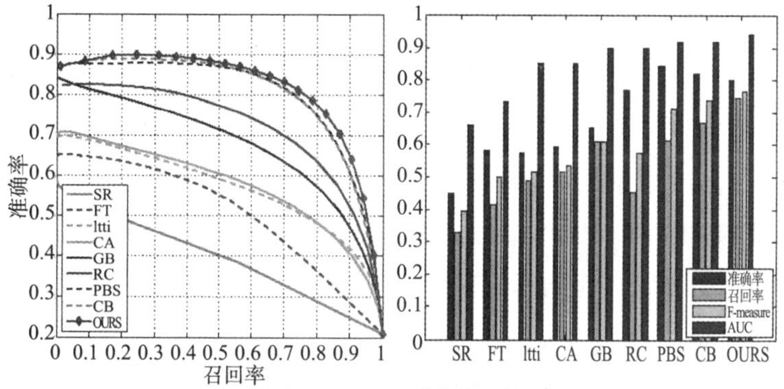

（b）MSRA-5000 数据集上的比较

相应彩图

图 2-8 不同算法在两个大型数据集上测试结果的 PR-曲线比较

图 2-8(b)展示了本章提出的算法与其他 8 种算法在 MSRA-5000 数据集上的实验结果的比较，在召回率和 F-measure 数值上具有明显的优势. 更加值得关注的是，同时在两个大型数据集上，本章算法的 AUC 值指标均一致地高于其他算法，说明了本章算法的鲁棒性和有效性.（扫描图 2-8 右侧二维码，可得相应彩图，下文同）

图 2-9 展示了部分实验结果，可以看到本章的算法与其他算法相比取得了较好的视觉显著图. FT 算法利用带通滤波器过滤掉图像中低频的背景区域，同时过滤掉高频孤立的显著点，得到显著目标，但是由于该方法是像素级别的显著性检测方法，所以不能一致地突出显著的区域；CA 算法同时考虑全局线索和局部信息进行显著目标检测，但该方法过分地强调图像边缘信息，从而导致显著区域内部不够平滑高亮，不能突出整个显著目标；RC

算法通过超像素颜色在全局上的差异性度量显著区域，同时引进空间信息，虽然该方法正确地检测出颜色特征相似的显著区域，但错误地将孤立的背景区域检测为显著目标；CB 算法是基于显著目标检测的图像分割算法，对空间位置、颜色对比以及目标级别的形状信息进行了整合，应用能量函数的优化模型，再分割出图像中的显著区域；类似地，SF 算法利用对比度先验度量区域的独特性和空间分布，通过优化模型计算像素级别的显著目标，但单纯地对比低级信息并不能精准地预测出显著区域；GS_SP 算法应用测地距离在特征空间中度量超像素与图像边界的距离，基于前面的详细分析可知，通勤时间距离在度量节点相似性能力上高于测地距离，并且对于图像边界处的显著区域做了合理的处理，因此，图像中的背景区域不能较好地被抑制；PBS 算法首先定位包围显著区域的凸包，并结合 Bayesian 模型计算得到超像素显著性值，但图像背景过于复杂时，凸包的计算并不准确，所以计算的显著图带有冗余的背景区域；BMS 算法是基于布尔图的模型，显著区域通过区域的被包围性线索来获取，一旦显著区域接近图像边界，该线索就失效.

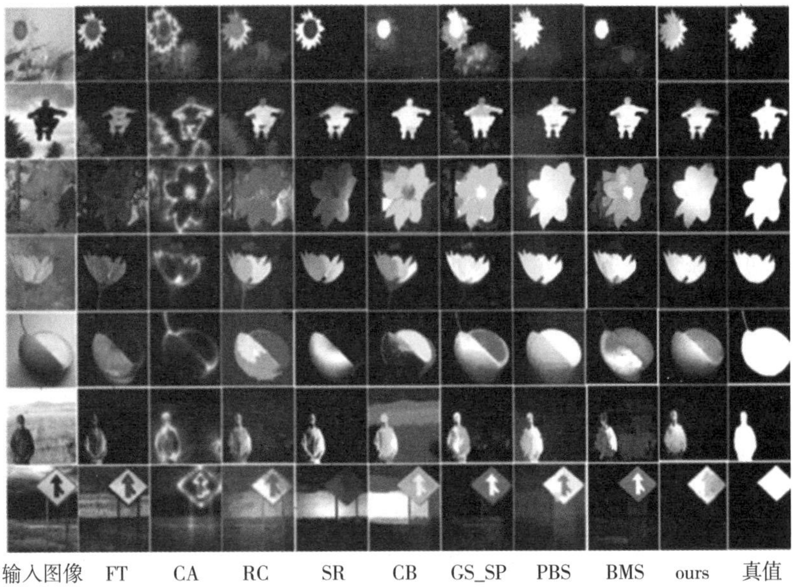

图 2-9　显著目标检测视觉结果

2.4.4 算法有效性验证

2.4.4.1 通勤时间距离的有效性验证

作为图理论中的有效度量，测地距离也定义在无向图上，同样考虑了节点间的邻接关系以及图像中的内蕴性质，并在文献[101]的应用中取得了良好的结果. 考虑两种距离的计算过程，测地距离计算任意两个节点间到达时间最短的路径，即最短路径的距离；而通勤时间距离计算两个节点间的平均首次往返距离. 在噪声的处理上，由于测地距离只考虑了两个节点间的单一路径，因此，并不能很好地抑制噪声；而通勤时间距离综合计算多条路径，在抑制噪声上更具优势. 图 2－10 为分别采用测地距离和通勤时间距离的显著目标检测结果. 可以看到，通勤时间距离检测的图像显著性结果很好地抑制了噪声的影响，有效排除背景区域的干扰.

(a) 输入图像　(b) 真值　(c) 测地距离显著图　(d) 通勤时间距离显著图

图 2－10　基于通勤时间距离和测地距离显著图比较

2.4.4.2 改进凸包先验的有效性验证

原始凸包先验将凸包内部所有超像素作为前景种子点，诱导其他区域的显著性. 但由于凸包内仍存在大量的背景区域,所以对原始的凸包先验作出改进,检测出更为置信的前景种子点,再诱导其他区域的显著值. 图 2 - 6 所示为原始凸包先验图与改进后的凸包先验图的检测结果. 通过实验发现,改进后的凸包先验更利于抑制背景区域,进而突出显著目标的区域. 其次,尽管利用背景先验可以有效地抑制图像背景区域,但是对于复杂场景的图像来说,单纯地运用背景先验效果仍然不是很理想. 因此,有必要利用凸包先验粗略定位显著目标位置来提升算法的准确性. 图 2 - 11 所示分别为背景先验图和改进的凸包先验图的检测结果,可以直观地观察到凸包先验图对背景先验图有明显的增强作用.

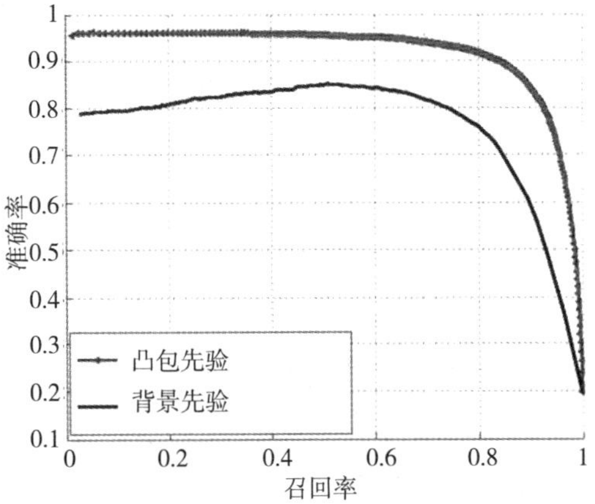

图 2 - 11 改进凸包的有效性

2.4.5 失败案例

由于本章算法是一种自下而上的基于图像背景先验和改进凸包先验显著目标检测方法,当图像背景区域复杂且分布不均衡时,部分背景区域会被检测为显著目标区域;另外,当显著区域与背景区域颜色趋于一致时,算法也很难实现准确的检测,图 2 - 12 所示为失败案例.

（a）输入图像　　（b）真值　　（c）实验结果

图 2－12　失败案例

2.5　本章小结

本章提出了一种基于通勤时间距离的图像显著目标检测方法. 通勤时间距离是衡量区域间特征差异的有效度量，实验结果表明，通勤时间距离不仅考虑了区域的邻接关系和内蕴性质，同时又有效地消除了小尺度高对比的背景噪声带来的影响. 首先，应用聚类的方法检测到图像边界上置信的背景种子点，应用通勤时间距离计算获取背景先验显著图. 然后，应用凸包先验粗略定位显著目标位置，再对凸包内部点与背景种子点进行对比，得到置信的前景种子点，再应用通勤时间距离计算其他区域的显著值，得到改进的凸包先验显著图. 最后，由于利用两个先验假设得到的显著图之间具有明显的互补关系，所以融合两个显著图，既抑制了背景区域，又突出了显著目标区域，获取了最终的显著图.

第3章 基于信息熵的网格显著性检测算法

3.1 引言

基于视觉感知的显著性检测在计算机视觉领域得到深入的研究和发展，研究人员针对二维图像数据提出了许多显著性检测方法. 随着智能设备和数字几何的发展，三维几何数据在人们的生产生活中越来越普遍，这也引起了图形学领域研究者对三维几何数据显著性检测的关注.

Lee 等[5]首先将显著性引入到三维网格数据，提出了基于局部中心对比机制的网格显著性检测方法. 该算法利用多尺度高斯加权平均曲率的差值来度量网格顶点的显著性. 指出除了曲率几何特征之外，其他的几何特征也可度量显著性. 但算法易受噪声和网格分辨率的影响. 为了解决这一问题，Castellani 等[47]计算不同滤波操作后每个顶点沿着法向量移动的大小，将法向量位置变化作为显著性的感知标志. 该方法对噪声具有较强的鲁棒性，且不受网格分辨率变化的影响. Leifman 等[7]提出了一种可用于视点选择的显著性检测方法. 该方法采用顶点的旋转图像(spin image)作为特征描述子，然后在特征空间中利用高斯金字塔扩散距离(Gaussian pyramid diffusion distance)度量顶点间的相似性. 最后，利用单尺度来评估顶点的显著性，再通过多尺度计算降低显著值，从而解决多尺度显著而单尺度不显著的情况. Wu 等[60]引入全局对比思想，提出全局稀有性概念. 全局稀有性定义为模型上任意两个顶点描述子的距离之和，但直接求和运算的方式会模糊掉一些显著区域. Tao 等[54]提出了一种半监督的学习方法，将经典的流行排序方法引入网格显著性检测. 首先对网格进行过分割，选用超像素面片的 Zernike 系数作为特征描述子，计算每个超像素面片在特征空间的局部显著值；然后选取不显著的背景超像素面片作为查询节点，计算其他超像素面片的显著值;最后应用拉普拉斯算子平滑方法得到显著图.算法中显著值的计算依赖于前期背景种子点的选取,而采用局部中心对比机制的算法可能不会选择背景超像素面片作为种子点,导致错误的检测结果,而且算法的计算过程相对烦琐,耗时较长.在实际应用过程中,运行时间的快慢也是衡量一个算法好坏的重要标准之一,烦琐的算法很难直接应用于生产实践中.

针对以上的问题,本章提出了一种基于信息熵的网格显著性检测算法.信息熵是系统有序程度的一个度量,熵值越大,系统越混乱.本章算法利用信息熵这一性质来反映局部区域的变化程度.受文献[5,60]的算法启发,本书也利用网格局部几何的变化来衡量网格的显著性.定义网格顶点的显著性为其局部邻域内所有顶点法向量熵值,熵值越大越显著,熵值越小越不显著.应用算法对大量模型进行测试,实验结果表明,算法在运行时间和复杂度上都有很大提高,同时将显著性应用到网格简化和网格光滑任务中,取得了较好的实验结果.

本章的组织结构如下:第3.2节介绍信息熵及熵值估计方法;第3.3节介绍信息熵在网格显著性检测中的应用;第3.4节展示实验结果并验证提出算法的有效性;第3.5节介绍网格显著性在网格简化和网格光滑任务中的应用;第3.6节对本章工作进行归纳总结.

3.2 信息论简介

信息是关于事物运动状态和规律的认识,其可以在脱离具体事物的情况下进行传输、存储、处理和变换.信息论是运用概率论和数理统计方法,研究信息的度量、传递和变换规律的科学.信息论[122]可以分为狭义信息论和广义信息论.狭义信息论指通信意义上的信息,也称为香农信息论,从信息的角度研究如何提高通信的可靠性和有效性的理论.1948年,Shannon[123]在其著作《通信的数学理论》提出了建立在概率统计模型上的信息度量,并把信息定义为“用来消除不确定性的东西”.同时,提出了信息熵的概念,并以此作为信息不确定性的一种度量.信息熵有效地量化了信息在排除不确定性上的价值,使得信息这一抽象事物有了衡量的方法,奠定了现代信息论的基础.随着信息科学的不断发展,信息研究的范围已拓展为能够应用到更多其他领域(模式识别、机器翻译、自学习自组织系统等)的广义信息论.

3.2.1　信息熵

熵的概念最早来自热力学,用来描述系统有序化程度的度量.一个系统越是有序,熵值就越低;反之,一个系统越是无序,熵值就越高.从信息论的角度来理解,信息熵用来衡量蕴含在一个随机系统之中的信息量的平均值,即所有可能发生的随机事件所带来信息量的期望.信息熵是对事物不确定的度量,信息熵越大,事物不确定性越大.假设信源 X 是一个 n 维离散随机变量,X 各个分量对应的概率分布为:

$$\begin{bmatrix} X \\ P(X) \end{bmatrix} = \begin{bmatrix} x_1 & x_2 & \cdots & x_n \\ p(x_1) & p(x_2) & \cdots & p(x_n) \end{bmatrix}, \sum_{i=1}^{n} p(x_i) = 1. \tag{3-1}$$

则随机变量 X 的信息熵定义为:

$$H(X) = -\sum_{i=1}^{n} p(x_i) \log p(x_i). \tag{3-2}$$

所定义的信息熵可以理解为信源 X 的各个分量提供的平均信息量.信息量的单位有三种,实验中单位选取奈特(Nat),以 e 为底.并规定若某个分量 x_i 的概率 $p(x_i)=0$,则 $p(x_i)\log p(x_i)=0$.通过公式(3-2)可知信息熵的值只与随机变量的概率分布有关,而与随机变量的取值大小无关.如果信源 X 为连续的随机变量,则信息熵可定义为如下形式:

$$H(X) = -\int p(x) \log p(x) \mathrm{d}x. \tag{3-3}$$

3.2.2　信息熵的估计

由于本章主要关注离散型随机变量的信息熵,所以对于熵值估计也主要考虑离散型随机变量的熵值估计方法.通常将离散型随机变量的信息熵估计问题转化为求解概率密度函数的问题,需要估计样本的概率分布.Beirlant 等[124]总结了常见的几种熵值估计方法.

(1) 直方图法

直方图方法是凭借样本数据本身对概率密度进行近似估算.假设随机变量 X 有 n 个样本值,即 $X=\{x_1, x_2, \cdots, x_n\}$.样本数据中相同值可能重复出现多次，若有 k 个不同的样本数据，$k \leqslant n$，不相同的样本个数记为 $N_X = \{N_1, N_2, \cdots, N_k\}$，其中 $N_1 + N_2 + \cdots + N_k = n$，则样本数据 x_i 的概率近似表示为样本个数与样本总个数比值：

$$p(x_i) = \frac{N_i}{n}, \quad i = 1, 2, \cdots, k. \tag{3-4}$$

将所计算的概率值代入式(3-2)算出对应的信息熵值. 如果 X 是连续分布，可以通过离散化的方法将连续变量 X 划分成 m 个不相交的区间 $(x_i, x_{i+1}]$，$i = 1, 2, \cdots, m-1$. 统计每个区间 $(x_i, x_{i+1}]$ 落入的值，再由式(3-4)计算 X 的每个区间 $(x_i, x_{i+1}]$ 的概率分布值 $p(x_i)$.

(2) 高斯核函数方法

该算法主要是应用高斯核函数的性质近似估计随机变量的概率密度函数分布，估计的概率密度函数为：

$$p(\boldsymbol{x}) = \frac{1}{n} \sum_{i=1}^{n} G(\boldsymbol{x} - \boldsymbol{x}_i, \boldsymbol{\Sigma}). \tag{3-5}$$

其中，$G(\cdot)$ 表示高斯核函数，可表示为：

$$G(\boldsymbol{x}, \boldsymbol{\Sigma}) = \frac{1}{(2\pi h)^{\frac{m}{2}} |\boldsymbol{\Sigma}|^{\frac{1}{2}}} \exp\left(-\frac{\boldsymbol{z}^{\mathrm{T}} \boldsymbol{\Sigma}^{-1} \boldsymbol{z}}{2h^2}\right). \tag{3-6}$$

其中，$\boldsymbol{z} = \boldsymbol{x} - \boldsymbol{x}_i$，$m$ 是$\boldsymbol{x}$ 的维数，h 是可调节的参数，$\boldsymbol{\Sigma}$ 表示$\boldsymbol{z}$ 的协方差矩阵.

(3) 最近邻法

该方法与上述两个方法的不同之处在于不需要估计样本的概率密度函数的分布，而直接近似估算随机变量的信息熵. 设随机变量 $X = \{x_1, x_2, \cdots, x_n\}$，其中距离样本 x_i 最近邻样本为 x_j，则两样本的距离 ρ_i 定义为：

$$\rho_i = \min_{i \neq j} \| x_i - x_j \|. \tag{3-7}$$

其中，x_j 是 x_i 邻域内点. 则最近邻方法估计的熵值为：

$$H_X = \frac{1}{n} \sum_{i=1}^{n} \ln(n\rho_i) + \ln 2 - \int_0^{\infty} \mathrm{e}^{-x} \ln x \, \mathrm{d}x. \tag{3-8}$$

由于最近邻的计算方法中 ρ_i 采用邻近点计算，易受噪声(孤立点)影响，利用公式(3-8)估算容易使孤立点的熵值较大，为了克服这一问题，Kozachenko 等[125]应用函数 ln 的泰勒展开式对公式(3-8)进行了改进，将最近邻的距离扩展为 k 近邻，估计的熵值为：

$$H_{KX}=\frac{m}{n}\sum_{i=1}^{n}\ln(2\rho_i)+\ln c_m+\psi(n)-\psi(k). \tag{3-9}$$

其中 ρ_i 表示样本 x_i 与第 k 个近邻之间的距离，c_m 是单位球体的体积，ψ 为双伽马函数.

（4）最小生成树法

该方法与前三个方法的区别在于应用了其他形式的信息熵- Renyi 熵，Renyi 熵可以理解为信息熵的一种推广形式. 给定随机变量 X，其概率分布是 $p(x)$，则定义 Renyi 熵为：

$$H_X(\alpha)=\frac{1}{1-\alpha}\log\int p^{\alpha}(x)\mathrm{d}x. \tag{3-10}$$

其中，$\alpha\in[0,1)$，当 α 趋向于 1 时，对上式求极限可得

$$\lim_{\alpha\to 1}H_X(\alpha)=-\int p(x)\log p(x)\mathrm{d}x. \tag{3-11}$$

当 α 趋近于 1 时，Renyi 熵转化为信息熵. 基于此研究者们计算 Renyi 熵的 α 值来对信息熵进行近似估计. 为了计算方便，给出了 Renyi 熵的一种渐近稳定的表达形式：

$$H_X(\alpha)=\frac{1}{1-\alpha}\left[\log\frac{L_\gamma(X)}{n^{\alpha}}-\log\beta_{L_\gamma,m}\right], \tag{3-12}$$

其中 $\beta_{L_{\gamma,m}}$ 是依赖 L_γ 的常数. 而

$$L_\gamma(X)=\lim_{e_{i,j}\in G}\sum_{i,j}\|e_{i,j}\|^{\gamma}. \tag{3-13}$$

这里 G 是随机变量 X 各个数据样本构成的最小图表达形式，$e_{i,j}$ 是连接样本数据 x_i 和 x_j 的边，$\|e\|$ 是欧氏距离.

3.3 算法描述

受 Lee 等[5]提出通过几何表面的特征变化反映显著性有效度量的启发，我们也使用网格模型的局部变化来刻画显著性. 由于法向特征能够有效地反映几何表面的局部几何变化，所以法向量变化较大的区域，我们认为是显著区域. 此外，信息熵是对事物不确定性的一种度量，并且能很好地反映局部邻域法向的有序程度，因此，在网格模型中我们选择顶点的法向量作为

特征描述子，将网格顶点的显著值定义为局部邻域法向量的信息熵. 随机变量 X 表示顶点邻域内的法向量集合. 邻域内顶点法向量的变化越大意味着随机变量的熵值越大. 当邻域内顶点法向量各不相同时(法向量等概率分布)，熵值达到最大，即顶点越显著；当邻域内顶点法向量几乎相同时(概率分布值为 1)，熵值达到最小，即顶点越不显著.

3.3.1 网格模型的表示

网格模型有多种表示形式，通常可以使用三角形网格、四边形网格、六边形网格和混合网格来表示离散曲面. 与其他表示形式相比，三角形网格(也称三角网格)可以表示具有任意复杂拓扑结构的网格模型，并且具有简洁的数据结构和良好的逼近效果. 因此，三角形网格已成为三维几何模型表示的有效手段，本章算法将曲面离散表示为三角网格.

设 $M=(V,E,F)$表示一个三角网格. 它是由顶点、边、三角形面片所构成的集合，其中 $V=\{v_1,v_2,\cdots,v_n\}$ 表示网格上 n 个顶点的集合，顶点 $v_i=(v_{ix},v_{iy},v_{iz})$，$i=1,2,\cdots,n$；$E=\{(i,j)\mid v_i$ 和 v_j 有边连接$\}$ 表示网格边的集合；$F=\{f_i=(r,s,t)\mid v_r,v_s,v_t$ 是三角形面片的三个顶点$\}$ 表示网格三角面片的集合，三角面片 f_i 的面法向量用 $\boldsymbol{n}_{f_i}$ 表示，如图 3-1(a) 所示. 三角网格模型一般由几何结构和拓扑结构组成，几何信息表示为每个顶点 v_i 的空间位置，拓扑结构则刻画了顶点与其相邻顶点之间的连接关系，利用拓扑结构信息可以获取几何要素之间的邻接关系. $N(i)=\{j\mid(i,j)\in E\}$ 表示顶点 v_i 的一环邻域顶点索引集合；$N_f(v_i)$ 表示顶点 v_i 的一环邻域三角面片索引集合，如图 3-1(b) 所示. 根据网格处理任务需求的不同邻域半径可以扩张到 k 环邻域.

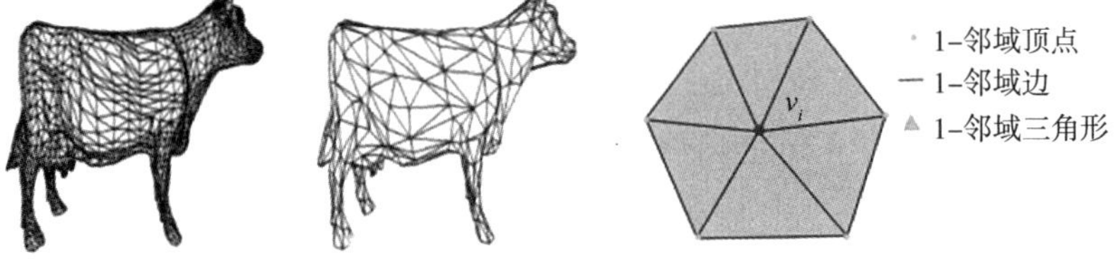

(a) 三角网格模型　　(b) 三角网格 1-环邻域

图 3-1　三角网格相关表示

3.3.2　网格顶点法向量的熵值估计

三角网格顶点 v_i 的法向量记为 $\boldsymbol{n}_i=(n_{ix},n_{iy},n_{iz})$，由于三角网格曲面不是光滑的，因此传统意义上顶点 v_i 的法向量是不存在的. 但在广义上来讲，人们通常用顶点 v_i 一环邻域的三角面片某些几何量加权进行估算. 最简单的一种估算方式是对顶点 v_i 的一环邻域三角面片的法向量求平均值，即

$$\boldsymbol{n}_i=\frac{1}{|N_f(v_i)|}\sum_{f_k\in F^i}\boldsymbol{n}_{f_k}. \tag{3-14}$$

其中，f_k 为第 k 个三角面片，F^i 是包含 v_i 三角面片集合，$|N_f(v_i)|$ 是集合 F^i 中所包含的三角面片个数.

Taubin[126]通过顶点 v_i 的一环邻域三角面片面积加权和来估计法向量 n_i，对于网格顶点比较完整的模型，这种顶点法向量的估计方法比较准确. 顶点 v_i 的法向量 n_i 可表示为

$$\boldsymbol{n}_i=\frac{\sum_{f_k\in F^i}|f_k|\boldsymbol{n}_{f_k}}{\|\sum_{f_k\in F^i}|f_k|\boldsymbol{n}_{f_k}\|}. \tag{3-15}$$

其中，$|f_k|$ 是三角面片的面积，$\|\cdot\|$ 是范数.

首先，应用公式(3-15)计算网格模型上每个顶点的法向量并对其单位化，记为 $\tilde{\boldsymbol{n}}_i=(\tilde{n}_{ix},\tilde{n}_{iy},\tilde{n}_{iz})$，定义两个法向量的距离为：

$$D(\tilde{\boldsymbol{n}}_i,\tilde{\boldsymbol{n}}_j)=\arccos(\tilde{n}_{ix}\cdot\tilde{n}_{jx}+\tilde{n}_{iy}\cdot\tilde{n}_{jy}+\tilde{n}_{iz}\cdot\tilde{n}_{jz}). \tag{3-16}$$

然后，给定顶点 v_i 的邻域，记为 $N(v_i,\sigma)$，其中 σ 用来控制邻域的大小. 并设定顶点 v_i 邻域内不相似法向量有 m 类. 根据法向量的距离公式(3-16)，应用 K-means 方法将邻域内的法向量进行聚类，相似的法向量聚为一类，并统计出每个类法向量的个数，记为 $N_{vi}=\{N_1,N_2,\cdots,N_m\}$. 最后，基于直方图方法计算出顶点 v_i 邻域内不同类法向量的概率分布为：

$$p(\tilde{\boldsymbol{n}}_j)=\frac{N_j}{|N(v_i,\sigma)|},\quad j=1,2,\cdots,m. \tag{3-17}$$

其中，$|N(v_i,\sigma)|$ 表示顶点 v_i 邻域内所包含法向量个数.

3.3.3　网格显著值计算

网格的局部法向量变化越大，即法向量越无序，则法向量的信息熵越

大；反之，网格的局部法向量变化越小，即法向量越规则，则法向量的信息熵越小. 从而可以用顶点局部邻域的法向量信息熵来描述网格顶点 v_i 局部几何变化. 顶点 v_i 局部邻域法向量的信息熵 $H(N(v_i,\sigma))$ 表示为

$$H(N(v_i,\sigma)) = -\sum_{j=1}^{m} p(\tilde{\boldsymbol{n}}_j)\log p(\tilde{\boldsymbol{n}}_j). \tag{3-18}$$

其中，$\tilde{\boldsymbol{n}}_j \in N(v_i,\sigma)$. 若熵值 $H(N(v_i,\sigma))$ 较大，则顶点显著；反之，则顶点不显著. 网格顶点的显著值 $S(v_i)$ 可表示为

$$S(v_i) = H(N(v_i,\sigma)). \tag{3-19}$$

3.4 实验结果与分析

3.4.1 数据集和测评方法

为了验证本章提出算法的有效性，我们使用了 Chen 等[127]提供的网格显著性数据集进行算法的基准测试. 首先 Chen 等[127]设计了一个在线评估实验，要求人们在网格模型表面上选择希望其他人选择的顶点；然后分析选定顶点的属性，计算网格表面显著性映射，构建数据集；最后，使用回归分析将多个属性组合到一个分析模型中预测出新网格模型的显著点位置. 共包含 400 个网格，每个网格上都有标注好的显著区域，如图 3－2 下半部分所示. 图 3－2 上半部分展示本章算法计算出的网格显著性检测结果，通过比较可知检测结果与伪真值基本一致.

本章使用 PR－曲线来衡量不同网格显著性检测算法的性能. PR－曲线的纵轴是真正确率(true positive rate，TPR)，横轴是假正确率(false positive rate，FPR)，其定义分别如下

$$TPR = TP/(TP+FN),\ FPR = FP/(FP+TN). \tag{3-20}$$

其中，FP 是检测为错误的非显著点为数量；TN 是检测为正确的显著点数量. TP 是检测为正确的显著点数量，FN 是检测为错误的显著点的数量. 然后将区间[0,1] 平均分成 20 份，阈值设定为小区间的端点值，对获得的显著值进行二值分割，共计算出 21 个二值分割图，最后与标注好的真值显著图进行对比. 应用公式(3－20)计算出 21 对(TPR，FPR)值. 对应给定的每个阈值，

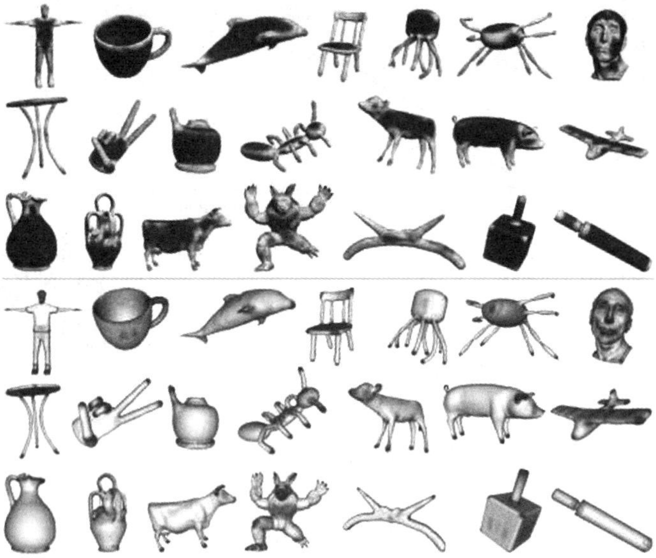

图 3-2　网格显著性检测结果与伪真值的比较[127]

（上半部分为本章结果，下半部分为伪真值）

计算数据集中所有网格的（*TPR*，*FPR*）的平均值. 以 *FPR* 为横坐标，*TPR* 为纵坐标绘制 PR-曲线. 绘制的曲线越高，说明算法的性能越好，显著性检测结果越准确. 本章算法与当时其他 5 种算法的检测结果作了比较，如图 3-3 所示，虽然本章算法计算过程比较简单，但算法的性能仍然优于其中的 4 种算法.

3.4.2　实验细节

本章所有的实验均在配置为 Intel(R) Core(Tm) i7-4790KCPU @ 4.00 GHz，32 G 内存的电脑上运行. 表 3-1 展示了本章算法运算时间的性能. 对于网格顶点数量为 25 K 的模型，运行时间大约为 5.979 470 s. 由于本章算法仅需要计算邻域内顶点法向量的概率分布，计算相对简单，因此算法的运行时间明显优于其他 5 种算法，如表 3-2 所示，与 Liu 等[128]算法相比，运行时间优势更加明显.

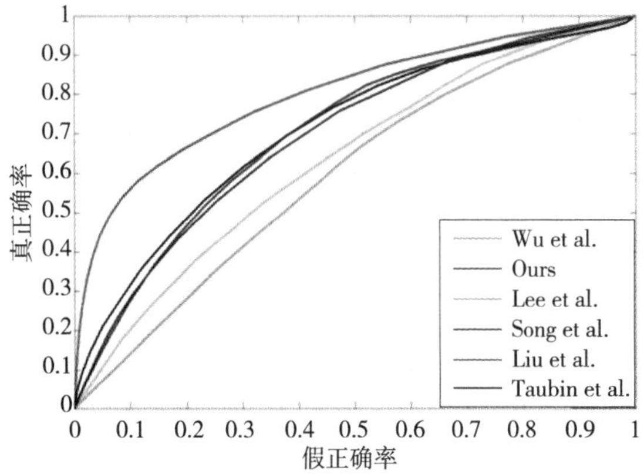

相应彩图

图 3－3　不同网格显著性检测算法的 PR－曲线比较

表 3－1　网格显著性检测运行时间

模型	顶点个数	检测时间	模型	顶点个数	检测时间
Armadillo	25 K	5. 979 470 s	Gargoyle	25 K	5. 998 401 s
Bird	9 K	1. 974 152 s	Teddy	11 K	2. 018 138 s
Pig	13 K	2. 106 590 s	Human	10 K	2. 053 475 s
Dog	4 K	0. 646 163 s	Glasses	3 K	0. 536 449 s
Fish	5 K	0. 898 782 s	Cow	8 K	1. 895 783 s
Deer	9 K	1. 925 651 s	Chair	10 K	1. 876 701 s

表 3－2　不同网格显著性检测算法运行时间的比较

模型	Lee 等[5]	Wu 等[60]	Song 等[6]	Tao 等[54]	Liu 等[128]	Ours
Glasses(3 K)	0. 785 551 s	4. 125 375 s	35. 033 261 s	3. 912 155 s	10. 778 587 s	0. 536 449 s
Human(5 K)	1. 287 942 s	7. 923 149 s	17. 766 543 s	7. 536 93 s	22. 993 793 s	0. 895 340 s
Chair(10 K)	2. 935 472 s	20. 113 626 s	134. 921 878 s	19. 514 469 s	50. 422 711 s	1. 876 701 s
Pig(13 K)	4. 719 985 s	30. 589 989 s	325. 719 85 s	39. 404 579 s	74. 061 941 s	2. 106 590 s
Armadillo(25 K)	15. 453 36 s	55. 943 433 s	619. 113 42 s	53. 659 971 s	161. 278 51 s	4. 686 729 s

为了验证法向量在网格显著性检测中作为特征描述子的有效性，实验中分别选取法向量和曲率作为特征描述子，应用直方图法分别计算法向量熵和曲率熵，进而得到不同的显著性检测结果，如图 3－4 所示. 可以看到，基于法向量熵检测的显著性结果可以较准确地检测到鸟模型的头部和脚，狗模

型的头部;而基于曲率熵检测的显著性结果未能检测到这些区域.

实验过程中,我们应用参数 σ 控制顶点邻域的大小,进而计算邻域内顶点法向量熵值估计. 我们选取不同的 σ 值作对比实验,如图 3-5 所示. 实验结果表明,本章算法受 σ 值改变的影响较小,根据经验选取 $\sigma=5\%\mu$,其中 μ 是网格包围盒的最长对角线长度.

(a) 基于曲率熵的显著图 (b) 基于法向量熵的显著图 (c) 伪真值

图 3-4 网格显著性检测结果比较

(a) 4.5% (b) 5.0% (c) 5.5%

图 3-5 算法对不同尺度的鲁棒性

3.4.3 算法整体性能测评

为了验证算法的有效性,做了大量的对比实验. 与其他 6 种算法进行了比较及伪真值进行了比较. 6 种算法分别是由 Lee 等[5],Wu 等[60],Shilane 等[129],Leifman 等[7],Tao 等[54],Song 等[6],Liu 等[128]提出的. 如图 3-6 所示，可以看到本章算法的实验结果与伪真值基本一致，说明算法的有效性.

图 3－6　网格显著性结果的比较

［Lee 等[5]（第 1 列），Wu 等[60]（第 2 列），Tao 等[54]（第 3 列），Song 等[6]（第 4 列），Liu 等[128]（第 5 列），本章结果（第 6 列）和伪真值（第 7 列）］

本章算法与 Lee 等[5]的算法作了实验比较，如图 3－7 所示. Lee 等[5]的算法受局部曲率的变化影响较大，如手模型的手指部分未检测为显著区域. 本章算法可以更好地检测到手指和马脚部分为显著区域. 本章算法与 Tao 等[54]的算法作了比较，如图 3－8 所示. 由于 Tao 等[54]的基于流行排序的方法计算网格显著性，算法利用局部中心对比机制选取出非显著的超像素面片作为背景种子点，然后以背景种子点作为查询节点，通过流行排序获取其他超像素面片的显著性，所以如果所选背景种子点是显著的，则会预测错误的显著区域，因此受种子点影响较大. 可以看到该算法预测的狗模型身体部分为显著区域，而脚部分是非显著区域，检测结果是紊乱的. 本章算法能很好地检测到鹰模型头部、狗模型脚为显著区域.

图 3-7　网格显著性检测结果比较
[本章算法结果(第 1 行);Lee 等[5]算法结果(第 2 行). 注意手指和马脚的不同]

图 3-8　网格显著性检测结果比较
[本章算法结果(第 1 行);Tao 等[54]算法结果(第 2 行)]

3.5　网格显著性的应用

网格显著性作为一种几何工具已经被广泛地应用于各种网格任务中,比如网格简化、网格光滑、自适应网格重剖等任务中. 由于本章算法只涉及网格顶点邻域内法向量的熵值估计，计算简单快速. 我们成功地将显著性应用于网格简化和网格光滑任务，并取得了较好的实验结果. 为了避免网格简化过程中简化一些比较重要的网格顶点，我们在网格简化算法 QEM[93] 中引入网格显著性，应用已获取的显著值作为误差函数的权值来指导网格简化，用其强调网格显著点的重要性. 改进收缩后的偏差函数为：

$$E'(v)=v^{\mathrm{T}}(\exp(S_{v_1})Q_1+\exp(S_{v_2})Q_2)v, \tag{3-21}$$

其中，S 是网格顶点显著值. 图 3-9 展示了本章显著性指导下的网格简化效果图.

（a）原始网格　（b）显著图　（c）基于QEM算法网格简化　（d）基于显著性指导的网格简化

图 3-9　不同算法的网格简化结果比较

同样，我们将显著性引入网格光滑算法中作为权值来指导网格光滑的程度. Andrew[130] 约束网格顶点的位置坐标及拉普拉斯方法，计算公式如下：

$$\begin{bmatrix}\boldsymbol{W}_L L\\ \boldsymbol{W}_p\end{bmatrix}\boldsymbol{W}_d'=\begin{bmatrix}0\\ \boldsymbol{W}_p\boldsymbol{V}_d\end{bmatrix}. \tag{3-22}$$

其中 $\boldsymbol{V}_d$ 和 $\boldsymbol{V}'_d$ 表示光滑前与光滑后网格顶点位置坐标，L 是拉普拉斯矩阵；对角矩阵 $\boldsymbol{W}_L$ 和 $\boldsymbol{W}_p$ 是权重矩阵，$\boldsymbol{W}_L$ 控制网格光滑程度，$\boldsymbol{W}_p$ 控制顶点位置. 我们把显著值分别加到权重矩阵中，显著值越大的顶点应该是越重要，应被有效保留. 图 3-10 给出了本章显著性指导下的网格光滑效果图.

（a）原始网格　（b）显著图　（c）基于拉普拉斯方法网格光滑　（d）基于显著性指导网格光滑

图 3-10　不同算法网格光滑结果比较

3.6　本章小结

本章我们提出了一种简单且快速的网格显著性检测算法. 根据具有较大几何形状变化的区域为显著区域这一原则，使用法向量的信息熵来刻画局部区域变化程度，有效地将信息熵与网格显著性检测结合在一起. 由于该方法简单，在运行时间上具有一定的优势，所以将网格显著性应用于生产实践，用于指导网格简化和网格光滑. 然而，本章算法只使用了局部几何特征法向量的熵来刻画显著性，不像 Wu 等[60]算法中引入描述模型整体结构特性的显著特征，因此基于本章算法检测的网格显著性不适用于一些需要考虑模型全局结构特征的网格任务，如网格分割等.

第4章 基于深度学习的形状对应抓取显著性分析

4.1 引言

随着 Lee 等[5]将显著性由二维图像数据推广到三维几何数据，显著性检测在图形学领域的研究备受关注，并取得了一系列成果. 显著性检测也被广泛地应用于目标识别[131]、3D 打印[80]、网格简化[9]、网格光滑[132-133]和网格分割[6]等任务. 早期的显著性检测工作更多的是基于数据本身的几何特征来进行分析. 2016 年，Lau 等[11]提出了触觉显著性的概念，并指出显著性不仅适用于视觉，而且适用于其他感官刺激. Lau 等[11]将显著性分析问题从视觉外观的形式拓展到触觉交互形式. 当一个虚拟三维模型被理解成为一个真实物体时，将人们有可能抓握、按压或者触摸的区域称为显著区域. 由于手工定义触觉显著性相对比较困难，算法中引入了学习框架并结合深度学习方法来计算触觉显著性. Brahmbhatt 等[71]使用热像仪成像的方法构建了人造模型抓取显著性数据集. 触觉显著性在计算机图形学中有很多潜在的应用，例如机器人抓取，可以为人机交互提供必要的预处理，使机器人能够有效地识别哪个区域更有利于抓取. 受 Lau 等[11]工作的启发，本章将显著性分析的问题从视觉外观的模态引入触觉分析问题，特别针对三维形状的抓取任务进行显著性分析.

随着三维数据采集技术的快速发展，三维点云数据的采集变得越来越容易. 然而由于场景的复杂性，对点云数据的有效处理成为计算机图形学一个新的研究热点. 点云是三维形状的一种有效表示形式，一方面由于点云在表示三维形状时具有简单、灵活等特点；另一方面相比于网格表示点云具有无序性，导致点云的特征研究成为焦点. 传统的点云特征提取方法[13,66,134-139]

一般需要手动调参，存在运行速度较慢、缺乏对噪声的鲁棒性等缺点，而且很难提取到较为一致的结构特征. 随着深度学习的发展，研究人员开始关注数据驱动的特征提取方法. 特别是 PointNet[72]、PointNet++[73]、PCPNet[74] 以及 PointCNN[75] 等网络的出现，点云表示的特征学习方法有了较大发展. PointNet[72] 网络可以直接作用于三维点云数据，无须依赖二维投影或体积近似计算的转换. 网络主要由多层感知机（multi-layer perceptron，MLP）组成，多层感知机的原理是通过网络学习点云空间位置的分布，进而实现点云特征的提取. 而且网络框架通用性很强，已在三维形状分割和分类问题取得了较好的测试结果.

基于上述分析，我们知道，当使用传统几何特征（高斯曲率、法向量等）进行抓取显著性分析时，由于缺乏语义上的理解，很容易对使用功能不同但几何特征相同的特征点做出错误地预测. 针对这一问题，本章采用深度学习方法来分析三维形状的抓取显著性. 然而，应用数据驱动方法分析显著性需要大量的训练样本，否则很难保证网络性能的稳定. 针对三维形状显著性数据集训练样本较少的问题，提出了一种基于特征匹配非刚性形状对应策略. 通过将现有模型的显著值迁移给结构功能相同但几何外观不同的模型，有效地扩充了数据集以满足深度神经网络训练的需求.

另外，考虑到不同类别的模型，局部区域具有相似的几何属性，但抓取性能存在巨大差异，本书在分析抓取显著性时，不仅考虑了三维形状的局部属性，还考虑了整体结构特征. 因此，在网络训练过程中添加了全局特征来增强对模型的语义指导.

实验结果表明，本章的算法能够更准确地预测抓取显著区域，如图 4－1 所示.

综上所述，本章工作的主要创新点是：

（1）应用深度神经网络预测三维形状的抓取显著性.

（2）针对现有三维形状显著性数据集较少问题，提出基于特征匹配的非刚性形状对应算法迁移显著值，有效地扩充了数据集样本数量.

（3）将三维形状的全局特征融合到深度神经网络增强对模型的语义指导，提高训练模型的泛化性和稳定性.

本章的组织结构如下：第 4.2 节详细介绍数据集的扩充过程；第 4.3 节

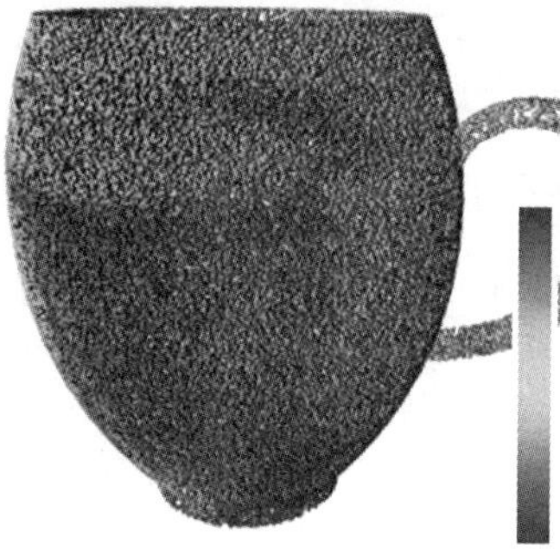

图 4-1　显著图——杯子

介绍本章提出的深度学习对应的抓取显著性分析算法，并详细地介绍了点云网络基本操作；第 4.4 节展示了实验结果并验证算法的有效性；第 4.5 节概括总结了本章工作.

4.2　数据集增广

基于数据驱动的显著性分析算法需要依赖丰富的训练数据，否则会导致训练网络出现过拟合，进而难以理解抓取位置的特征表示. 因此，为了使算法具有可泛化性，需要数据集中尽可能多地包含丰富的抓取方式. 如图 4-2 所示的模型，虽然它们都是杯子，但是由于形状上的具体差异，抓取的位置也会有所不同. 针对这一问题，提出了一种扩充现有三维形状显著性数据集方法. 该方法通过三维形状语义对应实现显著值迁移. 图 4-2 是数据集增广的流程图，虚线框内的模型已标注显著值，实线框内三个模型未标注显著值. 我们可以看到，尽管这四个模型几何形态不同，但抓取时应该具有大致相同的抓取区域. 可以理解为三维形状间应该满足某种对应，比如把手对把手，杯身对杯身等. 而基于抓取问题建立的对应关系时，应该保持形状的语义属性具有一致性. 有了这种属性，才能有效地实现将显著值迁移给待标注的模型. 因此，本书应用了 Zhou 等[140]提出的孪生点云网络来提取三维形状的逐点特征，根据提取的语义特征完成三维形状间的显著值迁移. 下面介绍数据集增广的具体过程.

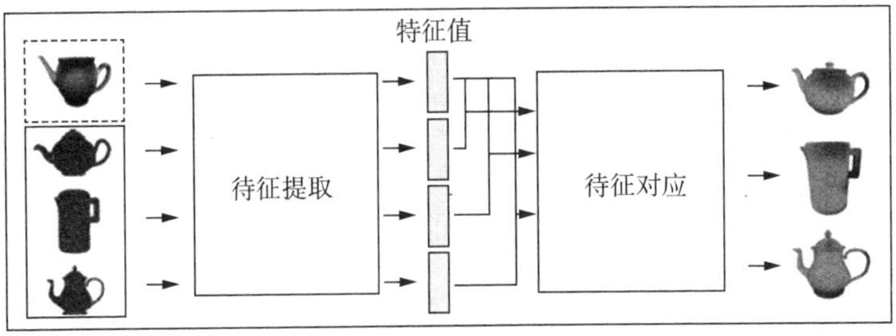

图 4-2　数据集增广流程图

4.2.1　孪生点云网络

孪生网络是一种相似性度量的学习方法，主要通过神经网络的学习来增大不同类样本之间的距离，同时减少同类样本之间的距离，进而获得对样本数据更有效的描述. Zhou 等[140]在孪生神经网络的基础上，提出一个用于逐点提取点云特征的孪生点云网络(siamese point net). 该网络将原始点云数据形成的非线性数据空间嵌入低维的线性特征空间，并确保特征空间中映射特征的语义结构与原数据空间一致. 所提取的逐点特征可以很好地应用于基于特征匹配的三维形状相关任务中. 本章主要基于 Zhou 等[140]的网络提取三维形状逐点特征，来完成数据集扩充. 下面简要介绍网络结构，并阐明为什么逐点特征能有效保持形状一致性.

网络的输入为一对三维形状($\boldsymbol{X}_1$, $\boldsymbol{X}_2$)，$\boldsymbol{X}_1, \boldsymbol{X}_2 \in R^{m\times 3}$. 输出为一对逐点特征向量($\boldsymbol{F}_1$, $\boldsymbol{F}_2$)，$\boldsymbol{F}_1, \boldsymbol{F}_2 \in R^{m\times 128}$ 为网络输出的 128 维特征向量. 网络训练过程中，以一种孪生的方式训练两个共享参数的子网络 G_W，子网络 G_W 包含卷积层(convolution layers)、反卷积层(deconvolution layers)和特征变换层(transformation layers)三个部分. 卷积层提取三维形状对 X_1 和 X_2 的特征分别记为：f_1^{global} 和 f_2^{global}. 并引入了形状之间全局特征约束，约束网络提取与形状相关的全局特征. 其核心是利用参数约束对卷积部分提取的形状特征进行增强，使其具有较强的泛化能力；同时又可以有效地指导反卷积部分提取语义更强的逐点特征. 在形状全局约束过程中，Zhou 等[140]引入了一个模型距离函数，即倒角距离(chamfer distance，CD)，衡量三维形状之间的相似性. 倒角距离能保证全局特征的距离与模型间的相似性保持一致，以避免

网络自由度过高导致的过拟合现象. 倒角距离(chamfer distance,CD)定义为:

$$d_{\mathrm{CD}}(\boldsymbol{X}_1,\boldsymbol{X}_2)=\sum_{p\in X_1}\min_{q\in X_2}d(p,q)+\sum_{p\in X_2}\min_{q\in X_1}d(p,q). \tag{4-1}$$

这里的 $d(p,q)$ 表示三维形状两个点之间的 L_2 距离. 通过公式(4-1)可知,若两个三维形状对应的点集空间分布一致,则倒角距离较小;若三维形状对应的点集空间分布有差异,则倒角距离较大. 根据倒角距离的大小,将三维形状对划分为相似形状对 $S_{\mathrm{shape}}=\{(X_i,X_j)\mid d_{\mathrm{CD}}(X_i,X_j)<0.05\}$ 和差异的形状对 $\overline{S}_{\mathrm{shape}}=\{(\boldsymbol{X}_i,\boldsymbol{X}_j)\mid d_{\mathrm{CD}}(X_i,X_j)\geqslant 0.05\}$.

同时给出形状相似性标签,满足 $(X_i,X_j)\in S_{\mathrm{shape}}$ 时, $Y^s_{i,j}=1$; 满足 $(X_i,X_j)\in\overline{S}_{\mathrm{shape}}$ 时, $Y^s_{i,j}=0$. 因此,设定全局形状特征对抗约束为:

$$L_S(W_1)=\sum_{i,j}[Y^s_{i,j}D_{W_1}(X_i,X_j)+(1-Y^s_{i,j})\max(0,\gamma_1-D_{W_1}(X_i,X_j))^2] \tag{4-2}$$

其中, $\gamma_1=0.8$ 为间隔值(margin); W_1 为卷积层的训练参数; $D_{W_1}=\| f_i^{\mathrm{global}}-f_j^{\mathrm{global}}\|_2$ 为三维形状之间全局特征的距离; L_S 第一个约束项可以保证形状相似的特征具有相近的全局特征; L_S 的第二个约束项用于增大形状差异较大模型之间的特征距离. 通过对抗性损失的约束,增强了卷积层对形状特征提取的泛化能力,可以有效保证所提取特征与相应的三维形状具有一致性.

此外,网络中还应用了 N 元对比损失函数对逐点特征进行约束,以此来满足模型之间的对应关系,然后基于 N 与 N 的特征关系优化求解. 给定的输入样本对 $(\boldsymbol{X}_1,\boldsymbol{X}_2)$,经过孪生点云网络提取的逐点特征对记为 $(\boldsymbol{F}_1^P,\boldsymbol{F}_2^P)$,构建新的距离度量矩阵为:

$$\boldsymbol{D}_W(\boldsymbol{X}_1,\boldsymbol{X}_2)_{i,j}=\|\boldsymbol{F}_1^P(p_i)-\boldsymbol{F}_2^P(q_j)\|_2,p_i\in X_1,q_i\in X_2. \tag{4-3}$$

这里的 $W=(W_1,W_2,W_3)$ 为网络训练参数, W_1 为卷积层训练参数, W_2 为反卷积层训练参数, W_3 为特征变换层参数. 由于训练真值存在对应样本关系,所以模型之间特征距离近的点都在距离矩阵 $\boldsymbol{D}_W$ 的对角元素上,可将其掩码为一个对角矩阵 $\boldsymbol{I}$,而针对非对应样本构建示性矩阵为:

$$\boldsymbol{M}_{i,j}=\mathbb{I}\left(\frac{1}{2}(d(p_i,p_j)+d(q_i,q_j))>\theta\right),p_i\in X_1,q_j\in X_2. \tag{4-4}$$

这里的 $\theta=0.8$，$\mathbb{I}(\cdot)$ 是一个示性函数，表示距离较远的点所产生的特征为负样本对；$d(\cdot,\cdot)$ 表示两个点的欧氏距离. N 元对比损失函数定义为：

$$L_C(W)=\sum{}^{*}\left(\frac{\boldsymbol{D}_W^2\circ\boldsymbol{I}}{\|\boldsymbol{I}\|_2^2}+\frac{\max(\gamma_2-\boldsymbol{D}_W\circ\boldsymbol{M},0)^2}{\|\boldsymbol{M}\|_2^2}\right). \tag{4-5}$$

这里$\circ$是逐元素的乘积运算，设置 $\gamma_2=0.5$. 第一项强调相似样本点间的关系约束，第二项强调不相似样本点间对抗约束. 网络总损失函数定义为：

$$L(W)=\eta L_S(W_1)+(1-\eta)L_C(W)+\lambda\|W\|^2. \tag{4-6}$$

其中，第一项为形状约束，第二项为对应特征的约束，最后一项为正则项. 设置 $\lambda=0.00001$，$\eta=0.5$. 由于网络训练中引入了全局形状特征对抗约束，使得语义一致性的全局特征促进了反卷层中更多一致的结构信息参与扩散，网络可以输出更加有效的逐点特征；网络使用 N 元对比损失函数来度量输出特征之间的相似性，从而保证网络在特征提取过程中，同时考虑了模型的局部几何特征和上下文的信息.

4.2.2 显著值迁移

显著值迁移的目标是将三维形状(已标注显著值)的显著值迁移给其他三维形状(未标注显著值). 这类模型通常具有一致的功能性结构，但在几何外观上有一定程度的形变. 如图 4-3 所示，每行的两个模型具有相同的使用功能，但几何外观上有一定的变化. 给定一对三维形状 S(已标注显著值)和 T(未标注显著值)，通过孪生点云网络输出三维形状对的逐点特征，基于逐点特征将模型 S 的显著值一致地迁移给模型 T. 通过图 4-3 可以看到，图(a)模型 S 的显著值一致地迁移给图(d)模型 T. 具体过程如下：

由于孪生点云网络的输入数据类型要求为点云数据，因此对给定的三维形状对进行数据类型的转换. 通过对三维形状均匀采样获得两个点数相同的点云模型，记为 $X_s\in R^{10k\times 3}$ 和 $X_t\in R^{10k\times 3}$. 点云模型 X_s 每点对应的显著值所构成的集合记为 $S_s=\{s_s^i\}$，$i=1,2,\cdots,10k$，其中 $s_s^i\in[0,1]$，如图 4-3(a)所示. 由于模型点数量较多，后续建立两个模型之间的特征对应关系时，计算量较大.因此使用快速下降法采样，并将采样点数设置为 4 096 个，获取的两个稀疏点云模型分别为 $X'_s \in R^{4\,096\times 3}$ 和 $X'_t \in R^{4\,096\times 3}$，同时将点云模型 X'_s 每点对应的显著值所构成集合记为 $S'_s=\{s'^i_s\}$，$i=1,2,\cdots,4\,096$，如图 4－3(b)所示.

（a）均匀采样模型显著图　（b）下采样4 096个点模型显著图　（c）下采样4 096个点目标模型迁移显著图　（d）目标模型显著图

图 4－3　显著性值迁移结果

然后，利用 Zhou 等[140]提出的方法对孪生点云网络两个点云模型 X'_s 和 X'_t 提取逐点特征.将两个点云模型 X'_s 和 X'_t 输入孪生点云网络，输出为逐点特征对 (F_s,F_t)，其中 $F_s,F_t \in R^{4\,096\times 128}$. 如果两个点的空间位置具有相近的语义结构，那么两个点在特征空间中的欧氏距离较近；反之，如果两个点的空间位置结构差异较大，那么两个点在特征空间中的欧氏距离较大.接下来，将进行模型之间的显著值迁移.

根据上面获得的逐点特征对 (F_s,F_t)，可以在特征空间中计算任意两点的欧氏距离.对于任意点 $p'^j_t \in X'_t$，在点云模型 X'_s 中计算与点 p'^j_t 的欧氏距离较小的 k 个近邻点，记为 $\{p'^1_s,\cdots,p'^k_s\}$. 然后，计算点 p'^j_t 的显著值，公式为：

$$s'^j_t=\frac{1}{k}\sum_{i=1}^{k}s'^i_s. \tag{4-7}$$

对于点云模型 X'_t 中所有点对应显著值所构成的集合记为 $S'_t=\{s'^j_t\}$，$j=1$，

2,…,4 096.

至此,显著值已成功地从点云模型 X'_s 迁移到点云模型 X'_t. 但是,为了使后续网络训练过程中,网络性能更加稳定,预测出较为合理的抓取显著区域,需要进一步将显著值从点云模型 X'_t 迁移给点云模型 X_t. 再次应用 K 近邻方法,对于点云模型 X_t 上的任意点 $p_t^j \in X_t$,索引出其在点云模型 X'_t 中的 n 个近邻点,记为 $\{p'^1_t,\cdots,p'^n_t\}$. 最后,计算点云模型 X_t 中每个点 p_t^j 的显著性值,公式为:

$$s_t^j = \sum_{i=1}^{k} \frac{\frac{1}{d_{j,i}}}{\sum_{i=1}^{n} \frac{1}{d_{j,i}}} s'^i_t. \tag{4-8}$$

这里 $d_{j,i} = \| p'^i_t - p_t^j \|$,表示点 p'^i_t 和点 p_t^j 的欧氏距离. 点云模型 X_t 中每点对应显著值所构成的集合记为 $S_t = \{s_t^j\}, j = 1,2,\cdots,10k$.

图 4-3 展示了点云模型显著值迁移的过程. 图(a)是标有显著真值的点云模型,图(b)是经过下采样获取标有显著真值的点云模型;图(c)是完成显著值迁移的下采样点云模型的显著图,图(d)是完成显著值迁移的点云模型显著图. 可以看到,通过我们迁移的算法,模型获取了较为合理的抓取显著值. 原有显著性数据集在一定程度上得到了扩充,对后续精准地预测抓取显著区域发挥了重要的作用,我们将在实验部分对其进行详细描述.

4.3 基于深度学习方法的点云抓取显著性检测

4.3.1 PointNet 网络

点云数据具有非结构化、无序性及可旋转性等问题,使得适用于二维图像数据的卷积神经网络不能直接作用于点云数据. 需要利用相关方法(例如体素化表示)进行转换,转换成规则的数据格式后再应用神经网络训练. 但这样的转换很容易产生不必要的体积划分使数据变得稀疏,所以需要同时引入了量化误差. 2017 年,斯坦福大学 Charles 等[72]提出了 PointNet 网络,这是将深度学习直接应用于点云数据的开创性工作. PointNet 网络直接作用于点云数据,成功地克服了点云数据无序性和可旋转性问题. PointNet 网络结构(图 4-4)主要包括三个关键模块:空间变换网络层、多层感知机网络层和最大池化层. 网络输入是 $N\times3$ 的点云数据,N 代表点的个数. 首先,经过一个空间变换网络得到旋转变换矩阵,将旋转变换矩阵与点云数据相乘进行对齐,保证点云空间不变性;对齐后点云数据经过两层共享权重的多层感知机提取逐点特征. 然后,再经过特征变换网络,在特征空间对提取点云特征进行对齐. 通过包含三层的多层感知机提取每个点的高维特征,得到 $N\times1\ 024$ 维的特征向量. 最后,输入到最大池化层聚合点云的所有信息,得到一个 1 024 维全局特征. 本章的网络结构是基于 PointNet 网络框架提出的,下面将详细介绍点云网络相关操作.

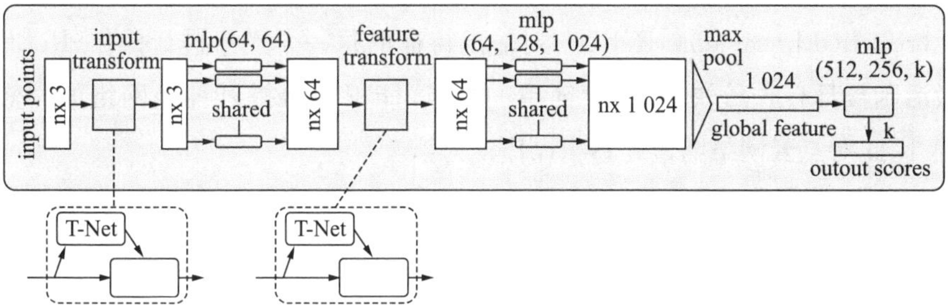

图 4-4 PointNet 网络框架[72]

4.3.2 点云网络基本操作

4.3.2.1 点云卷积

点云网络的输入为一系列点云模型,记为 $\boldsymbol{X}\in R^{N\times d}$,其中 N 为点云模型点的个数,d 为点的特征维度. 若输入点云模型仅包含点的空间坐标,则 $d=3$. 类似于图像卷积计算,对点云数据,也希望对点云模型 $\boldsymbol{X}$ 进行逐点特征提取的操作,从而获取逐点特征 $\boldsymbol{F}$. 点云的卷积操作过程如下:

以网络中某一层特征提取为例,输入的点云特征表示为 $\boldsymbol{F}_{\text{in}}\in R^{N\times d_{\text{in}}}$,其中 d_{in} 表示点云的特征维度. 则输出点云特征 $\boldsymbol{F}_{\text{out}}$ 记为:

$$\boldsymbol{F}_{\text{out}}=\boldsymbol{W}\cdot\boldsymbol{F}_{\text{in}}+\boldsymbol{B}. \tag{4-9}$$

这里 $\boldsymbol{W}\in R^{d_{\text{in}}\times d_{\text{out}}}$,$\boldsymbol{F}_{\text{in}}\in R^{N\times d_{\text{in}}}$,$\boldsymbol{B}\in R^{d_{\text{out}}\times N}$ 是每列重复 N 次的矩阵.

分别为：

$$\boldsymbol{W}=\begin{bmatrix} w_{11} & w_{12} & \cdots & w_{1d_{\text{in}}} \\ \vdots & \vdots & \vdots & \vdots \\ w_{d_{\text{out}}1} & w_{d_{\text{out}}2} & \cdots & w_{d_{\text{out}}d_{\text{in}}} \end{bmatrix}, \boldsymbol{F}^{(l)}=\begin{bmatrix} \boldsymbol{f}_1^{d_{\text{in}}} \\ \boldsymbol{f}_2^{d_{\text{in}}} \\ \vdots \\ \boldsymbol{f}_N^{d_{\text{in}}} \end{bmatrix}^{\mathrm{T}},$$

$$\boldsymbol{B}=\begin{bmatrix} b_1 & b_1 & \cdots & b_1 \\ \vdots & \vdots & \vdots & \vdots \\ b_{d_{\text{out}}} & b_{d_{\text{out}}} & \cdots & b_{d_{\text{out}}} \end{bmatrix} \tag{4-10}$$

其中 $\boldsymbol{f}_i^{d_{\text{in}}} \in R^{d_{\text{in}}\times 1}, i=1,2,\cdots,N$.

然后，进一步应用激活函数 $\mathrm{ReLU}(x)=\max(0,x)$，也称为修正线性单元(rectified linear unit，ReLU)，对输出特征的每一个元素进行操作. ReLU 激活函数具有收敛快，求梯度简单的特点，能很好地提升神经网络的时效性. 因此对点云网络的最终卷积操作记为：

$$\boldsymbol{F}'_{\text{out}}=\mathrm{con}\ v(\boldsymbol{F}_{\text{in}},\boldsymbol{W},\boldsymbol{B})=\mathrm{ReLU}(\boldsymbol{W}\cdot\boldsymbol{F}_{\text{in}}+\boldsymbol{B}). \tag{4-11}$$

其中，$\boldsymbol{W}$ 表示加权求和的权重，点云模型的每个点共享这个权值；$\boldsymbol{B}$ 表示偏置，均为网络训练过程中自主更新学习的参数.

4.3.2.2 点云池化

点云数据本身的特点是无序的，因此设计的点云网络输出也应与输入点云顺序是无关的. Charles 等[72]提出采用具有排序不变性的对称函数来解决点云的无序性问题. 网络中常用的最大池化(maxpooling)操作可以理解为一个对称函数. 如果直接对原始的三维点云数据作对称性操作，容易丢失大量有意义的几何信息. 因此，通过上述的卷积运算，将点云模型的每个点映射到较高维空间，然后执行对称性操作，能有效地解决点云无序性问题. 若将高维空间中点云特征记为 $\boldsymbol{F}=(\boldsymbol{f}_1,\boldsymbol{f}_2,\cdots,\boldsymbol{f}_N)^{\mathrm{T}}\in R^{N\times d}$，$\boldsymbol{f}_i\in R^{d\times 1}$，其中 N 是点的个数，d 是维数. 则最大池化操作可用 $\mathcal{M}(\cdot)$ 表示，具体计算公式为：

$$\mathcal{M}(\boldsymbol{F})=[\max(f_{11},f_{21},\cdots,f_{N1}),\cdots,\max(f_{1d},f_{2d},\cdots,f_{Nd})]. \tag{4-12}$$

其中 $\mathcal{M}(F)\in R^{1\times d}$.

4.3.2.3　点云变换

三维点云模型按任意角度旋转或平移位置都不会改变点云的形状，因此需要网络适应这种变换，即对点云刚性变换（旋转、平移）具有鲁棒性. 针对这一问题 Charles 等[72]设计了一个网络模块来学习这种不变性. 在点云卷积操作之前，通过空间变换网络（T-Net）对点云的数据或者特征进行刚性变换. 空间变换网络可以通过点云自身的位姿信息学习到一个最有利于网络完成特定训练任务的仿射变换矩阵（transformation matrix）. 将仿射变换矩阵作用到输入点云或点云特征空间上，实现点云数据或特征的对齐，使数据变得规范化.

第一个 T-Net 网络用来对齐输入点云的空间位置，输入是原始点云数据 $\boldsymbol{X}_i \in R^{N\times 3}$，输出为 3×3 的旋转矩阵 $\boldsymbol{T}_1$，且 $\boldsymbol{T}_1^{\mathrm{T}}\boldsymbol{T}_1=\boldsymbol{I}$ 是一个正定矩阵. T-Net 网络包含三层卷积层，一个最大池化层、两个全连接层以及参数化的 256×9 矩阵. 全连接层可以看成是一种特殊的卷积操作，用 $\mathscr{F}_C(\cdot)$ 表示. 则点云 X_i 经过卷积层、最大池化层和全连接层提取的特征可表示为：

$$\boldsymbol{F}_i=\mathscr{F}_C(M(\mathrm{con}\ v_i(\boldsymbol{X}_i,\boldsymbol{W}_i,\boldsymbol{B}_i))),i=1,2. \qquad (4-13)$$

然后，将获取的特征 $\boldsymbol{F}_i$ 与参数化 256×9 维的矩阵相乘，加上参数化的 9 维偏置向量，转换成 3×3 的变换矩阵 $\boldsymbol{T}_1$.

第二个 T-Net 网络用来对齐点云特征. 在特征空间里对点云进行变换，与空间变换网络模块类似. 不同之处在于，输入是经过处理的点云特征矩阵，特征矩阵的维数为 64 维，输出为 64×64 的特征转换矩阵. 考虑到特征变换中的转换矩阵相比于空间变换中矩阵的维数要大得多，优化比较困难. 因此，将正则项添加到网络的训练中，以使特征变化矩阵的约束接近于正交矩阵

$$\mathscr{L}_{\mathrm{reg}}=\|\boldsymbol{I}-\boldsymbol{T}_2\boldsymbol{T}_2^{\mathrm{T}}\|_F^2, \qquad (4-14)$$

其中，$\boldsymbol{T}_2$ 是 T-Net 网络所输出的特征矩阵.

4.3.3　网络结构

本节详细地介绍如何利用深度学习方法来预测三维点云模型的抓取显著性，具体网络流程如图 4-5 所示. 网络由两个子网络构成，其中一个子网络用于提取三维点云模型的全局特征；另一个子网络用于回归三维点云模

型的显著性.该网络主要提取模型的局部特征,并融合前一个子网络获得的全局特征.从而网络可以同时捕获模型的局部特征和全局特征,可以准确地预测出模型抓取显著区域.

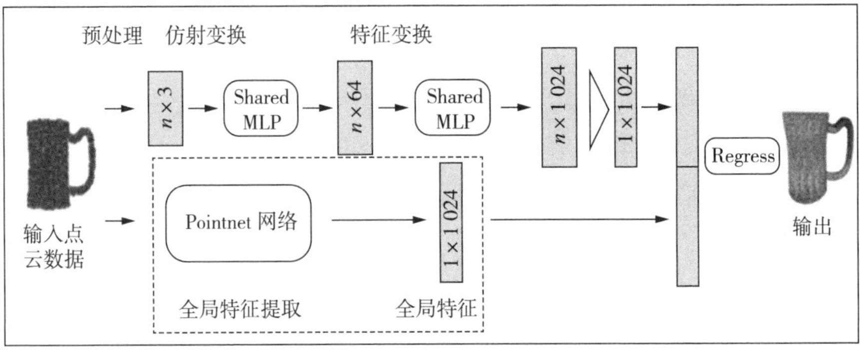

图 4-5　基于深度学习的抓取显著性分析算法流程图

4.3.3.1　提取三维形状的全局特征

三维形状空间结构(拓扑结构)会极大地影响抓取区域的决策过程,如图 4-6 的模型.当图(a)模型的把手存在时,把手处的区域是理想的抓取区域;而当图(b)模型把手不存在时,模型的拓扑结构发生了极大地改变,抓取区域也会发生改变(理想的抓取区域转移到瓶颈附近).这一过程中,可以明显看出,模型拓扑结构的变化对模型局部特征的提取没有影响.因此,本书考虑引入模型全局特征作为抓取显著性分析的指导特征,从而实现模型结构(主要是拓扑结构改变)对特征提取过程的有效指导,确保算法可以“看到”模型的整体,进而提取更为可靠的抓取显著性特征.所以网络训练过程中有必要添加模型全局结构特征,增强网络对模型的拓扑感知,从而实现更加精准地预测抓取显著区域.图 4-5 虚框中的子网络用于提取三维形状的全局特征.网络在 ShapeNetParts 数据集上进行训练,通过网络训练可以提取语义丰富的 1 024 维全局特征 F_{global}[141].

4.3.3.2　提取三维形状的局部特征

由于邻域内的所有点特征能更好地反映中心点特征,因此网络的输入为点云的 patch 形式.首先,给定点云模型 $\boldsymbol{X} \in R^{N\times 3}$,将其分割成若干个小的 patch,记为 $\boldsymbol{X}_i^r$,其中 r 为邻域的半径,设定为邻域内任意两点间的最长

距离. 然后，在每个 patch 内随机采样，采样点个数通过参数 m 来控制. 若每个 patch 内点个数大于 m 个，随机去掉多余的点；若点个数小于 m 个，用点 (0,0,0) 来补全. 同时，为了便于网络训练，对每一点 $p \in X_i^r$ 进行归一化处理，以中心点 $p_c \in X_i^r$ 为原点，其他任意点 $q \in X_i^r$ 与中心点 p_c 进行归一化处理，比较计算其相对坐标，完成点云数据的归一化处理. 使其任意两点 p，$q \in X_i^r$，满足 $\| p-q \| \leqslant 1$.

（a）　　　　（b）

图 4-6　模型全局特征示例

引入一个可学习仿射变换矩阵的网络模块 T-Net，对点云模型 X_i^r 进行对齐. T-Net 的输出是对齐矩阵 $\boldsymbol{T}_1 \in R^{3\times 3}$，即通过矩阵 $\boldsymbol{T}_1$ 与点云数据 $\boldsymbol{X}_i^r$ 相乘实现对其空间位置的对齐，旋转到有利于网络预测显著性的位置. 考虑到应用四元数方法[142]所生成的旋转矩阵是刚性的，因此应用四元数方法生成仿射变换矩阵 $\boldsymbol{T}_1$. 四元数的表示形式类似于复数，由一个实部和三个虚部组成，共有四个参数. 如

$$q = q_0 + q_1 \mathrm{i} + q_2 \mathrm{j} + q_3 \mathrm{k}, \tag{4-15}$$

其中 $q_0, q_1, q_2, q_3 \in R$，i，j，k 是虚数部. 而且四元数满足下面的关系式：

$$\begin{cases} \mathrm{i}^2 = \mathrm{j}^2 = \mathrm{k}^2 = -1; \\ \mathrm{ij} = -\mathrm{ji} = \mathrm{k}; \\ \mathrm{jk} = -\mathrm{kj} = \mathrm{i}; \\ \mathrm{ki} = -\mathrm{ik} = \mathrm{j}. \end{cases} \tag{4-16}$$

网络训练过程中，可以通过学习来自主更新四元数中的 4 个参数. 在获得参数之后，四元数可以转换成点云变换矩阵中的旋转矩阵，即 $\boldsymbol{T}_1$ 表示为：

$$\boldsymbol{T}_1=\begin{bmatrix}1-2(q_2^2+q_3^2) & 2(q_1q_2-q_0q_3) & 2(q_1q_3-q_0q_2)\\ 2(q_1q_2+q_0q_3) & 1-2(q_1^2+q_3^2) & 2(q_2q_3-q_0q_1)\\ 2(q_1q_3-q_0q_2) & 2(q_2q_3+q_0q_1) & 1-2(q_1^2+q_2^2)\end{bmatrix}. \tag{4-17}$$

旋转矩阵 $\boldsymbol{T}_1$ 的参数和四元数密切相关. 如果通过网络学习获得四元数的 4 个参数，则可直接计算出 3×3 旋转矩阵的 9 个参数值. 经过旋转变换的点云模型记为：

$$\widetilde{\boldsymbol{X}}_i^r=\mathscr{F}_1(\boldsymbol{X}_i^r). \tag{4-18}$$

这里 $\mathscr{F}_1$ 表示旋转变换.

校正后的点云模型 $\widetilde{\boldsymbol{X}}_i^r$ 输入网络特征提取层，网络由多个卷积层与特征变换层组成. 首先将 $\widetilde{\boldsymbol{X}}_i^r$ 输入两层卷积层，获取逐点特征 $\boldsymbol{F}_i$ ，记为：

$$\boldsymbol{F}_i=\mathrm{con}\ v_j(\widetilde{\boldsymbol{X}}_i^r,\boldsymbol{W}_{ij},\boldsymbol{B}_{ij}),j=1,2. \tag{4-19}$$

这里 $\boldsymbol{W}_{i1}\in R^{3\times 64}$，$\boldsymbol{W}_{i2}\in R^{64\times 64}$. 接着对获取的逐点特征 $\boldsymbol{F}_i$ 作特征仿射变换 $\mathscr{F}_2$，即得到点云特征 $\widetilde{\boldsymbol{F}}_i=F_2(\boldsymbol{F}_i)\in R^{64\times 64}$. 再输入到三层卷积层中，获取更高维的逐点特征 $\hat{\boldsymbol{F}}_i$，记为：

$$\hat{\boldsymbol{F}}_i=\mathrm{con}\ v_j(\widetilde{\boldsymbol{F}},\boldsymbol{W}_{ij},\boldsymbol{B}_{ij}),j=1,2,3. \tag{4-20}$$

这里 $\hat{\boldsymbol{F}}_i\in R^{m\times 1024}$，$\boldsymbol{W}_{i1}\in R^{64\times 64}$，$\boldsymbol{W}_{i2}\in R^{64\times 128}$，$\boldsymbol{W}_{i3}\in R^{128\times 1\,024}$. 然后，输入到最大池化层(max pooling)聚合点云的所有信息，获取 $\boldsymbol{X}_i^r$ 的逐点局部特征 $\boldsymbol{F}_{\mathrm{local}}\in R^{1\,024\times 1}$，记为：

$$\boldsymbol{F}_{\mathrm{local}}=\mathscr{M}(\hat{\boldsymbol{F}}_i). \tag{4-21}$$

4.3.3.3 融合特征

最后，通过串联的方式将三维点云模型的全局特征 $\boldsymbol{F}_{\mathrm{global}}$ 和局部特征 $\boldsymbol{F}_{\mathrm{local}}$ 进行融合，获取模型特征 $\boldsymbol{F}_{\mathrm{total}}$，记为：

$$\boldsymbol{F}_{\mathrm{total}}=\mathrm{cat}(\boldsymbol{F}_{\mathrm{global}},\boldsymbol{F}_{\mathrm{local}}). \tag{4-22}$$

这里 $\boldsymbol{F}_{\mathrm{total}}\in R^{2\,048\times 1}$. 网络通过三层的全连接网络层实现回归，所生成的显著图都用真值显著图进行监督，损失函数为：

$$\mathscr{L}(\theta)=\sum_{X_i^r \in X}\sum_{p_j \in X_i^r}\|\widetilde{S}_j-S_j\|_2. \tag{4-23}$$

其中，$\theta=(\boldsymbol{W},\boldsymbol{B})$，$\widetilde{S}_j=\widetilde{S}_j(p_j;\theta)$ 是网络预测的点 $p_j \in X_i^r$ 显著值，S_j 是点 p_j 显著真值.

本书应用随机梯度下降法不断更新参数 θ 的值来最小化损失函数. 梯度下降法需要计算损失函数 $\mathscr{L}(\theta)$ 关于参数 θ 的导数. 网络对输入的点云模型通过逐层的信息传递，得到最后的网络输出显著值 $\widetilde{S}$. 然后，利用输出层的误差反馈信息不断地反向更新连接各层之间的参数，学习到参数 θ^* 使得损失函数 $L(\theta)$ 达到最小. 参数 θ^* 表示为：

$$\theta^*=\underbrace{\operatorname{argmin}}_{\theta}\sum_{X_i^r \in X}\sum_{p_j \in X_i^r}\|\widetilde{S}_j-S_j\|_2. \tag{4-24}$$

上述的优化问题一般使用误差的反向传播算法(back propagation，BP)来求解网络参数的梯度信息. 并利用梯度下降法迭代更新：

$$\theta'=\theta-\eta * \nabla_{\theta}\mathscr{L}, \tag{4-25}$$

其中，η 是学习率，控制每次算法迭代过程中对参数的更新幅度.

4.4　实验结果与分析

4.4.1　数据集

本章网络训练数据使用的原始显著数据集来自 Lau 等[11]提供的数据集，图 4-7 上半部分给出了数据集中部分抓取的显著图. 该数据集通过收集在线用户的数据获得，给定用户模型上一组点对，让用户选择出他们希望其他人选择的点，即成对顶点之间进行比较并确定哪个点显著(或具有相同的显著值). 对于人们来说，提供点对间显著性的相对值很容易，但提供其绝对显著值较难. 因此，该数据集是一种基于排序的相对显著值. 同时，网络测试使用了 Brahmbhatt 等[71]创建的 ContactDB 数据集，如图 4-7 下半部分所示，给出了数据集中部分显著图(抓握或传递物体). 该数据集是通过使用热像仪来观察人手与物体之间的精确接触位置创建的. 数据集包含 50 个文件夹，每个文件夹里包含由同一个人抓取不同三维模型获得的显著值. 测试前，将数据集中的数据转换成适合网络结构的数据格式，同时对模型中点的灰度值进行归一化，然后对同一模型 50 个不同灰度值进行求和取平均值，计算得到模型的显著值.

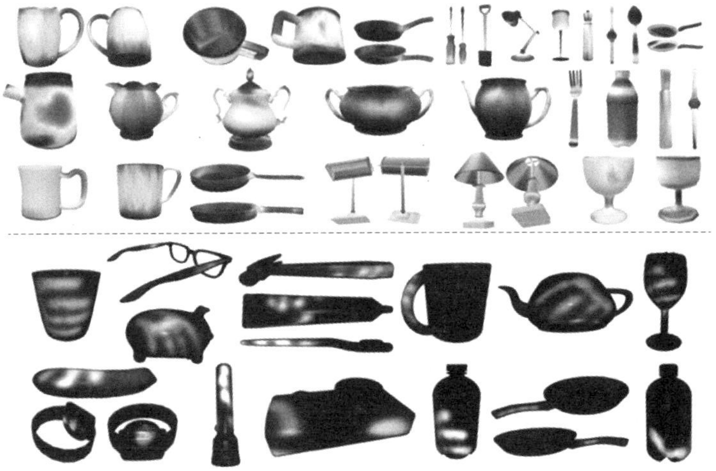

图 4-7 Lau 等[11]数据集（上半部分）和 Brahmbhatt 等[71]数据集（下半部分）

4.4.2 实验细节

网络训练中输入的三维点云模型采样点个数为 10 K，并以 patch 的形式输入网络，其中设定 patch 的半径 $r=0.1$，在每个点云的 patch 里随机采样点个数 $m=500$. 为了验证 r 不同值对网络性能的影响，测试了四个不同的 patch，如图 4-8 所示，r 分别为 0.05，0.07，0.1，0.15. 通过实验发现，不同大小的 patch 对预测显著性会有一定的影响. 若 r 设置过小，网络很难通过训练提取稳定的 patch 局部特征；若 r 设置过大，又不能准确地反映模型局部的几何特征，根据经验设置 $r=0.1$. 同时，为了提高网络的泛化能力，引入点云的随机高斯噪声以实现训练数据的扩充，高斯噪声分别为 0.002 5 和 0.012. 应用 PyTorch 训练网络结构，采用随机梯度下降优化算法，不算更新参数使得损失函数达到最小值. 迭代次数为 2 000，批量大小为 64，学习率设置为 0.000 1，动量为 0.9.

用于提取三维形状全局特征的子网络是 PointNet 网络，所使用的数据

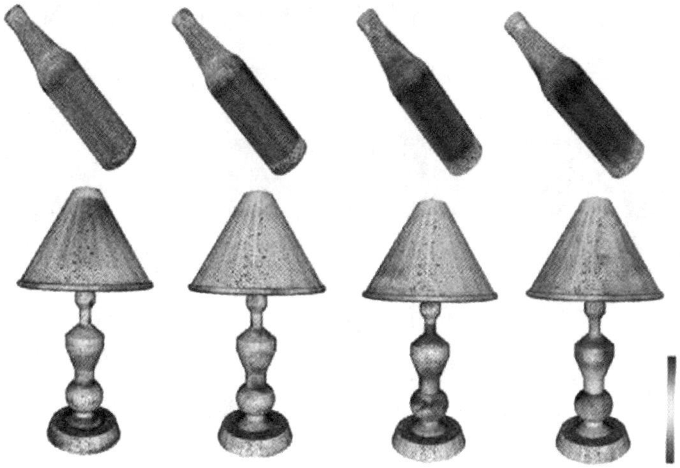

(a) 0.05 (b) 0.07 (c) 0.1 (d) 0.15

图 4-8 基于不同 patch 的显著性分析

集是由普林斯顿大学、斯坦福大学和芝加哥丰田技术学院的技术人员共同开发的 ShapeNetParts[141]数据集，它是 ShapeNet 数据集的子集. 该数据集共包含 16 881 个 3D 模型，每个模型标有类别注释，有 16 个类别. 而且模型拆分成 2 至 6 个部分，共有 50 个不同部分. 通常用于形状分割任务，适合提取具有丰富语义信息的全局特征.

4.4.3 算法整体性能测评

为了验证所提出算法的有效性，我们对大量不同的三维点云模型进行了抓取显著性的预测. 图 4-9 下面的三行展示了本章算法所预测的抓取显著性结果. 可以看出，大多数的预测结果都比较理想(几乎接近于真值). 只有杯子模型的预测结果与实际的抓取区域有一定的差别，原因在于标注真值的数据集[11]中杯身上具有较高的显著值. 另外，Kwok 等[143]和 Zarubin 等[144]应用传统的几何方法来预测显著值，模型细小而尖锐的部分会获得较高的显著值，例如茶壶盖的区域. 主要是因为这些传统几何分析方法缺少模型整体结构的语义信息. 但是，本章算法应用了学习的策略，所使用的训练数据集是通过人交互方式获得的，具有较强的语义信息. 而且将模型的全局特征融合到网络训练中，作为网络训练的指导特征，确保算法可以“看到”模型的整体. 如图 4-9 所示，预测茶壶把手的部分是显著区域，符合人类通常认为的抓取区域.

图 4-9 Lau 等[11]的原始数据集(第一行)和本章算法预测显著性结果(下面的三行)

图 4-10 展示了相同模型在不同采样密度下的显著性检测结果. 采样点数分别为 500，5 000，20 000. 当采样点稀疏时，本章的算法仍然可以在杯把手处检测到很高的显著值，并且所预测的抓取显著区域随着采样密度相应地变化.

(a) 0.5 *K* (b) 5 *K* (c) 20 *K*

图 4-10 稀疏至稠密点云的显著性检测结果对比

同时，我们还验证了 Lau 等[11]提供的数据集和 Brahmbhatt 等[71]创建的数据集，如图 4-11 所示. 网络训练过程中未添加杯子和锅模型的点云数据，通过我们设计的网络进行预测，所预测的抓取显著性结果与数据集的真值基本一致(图(a)锅模型).然而,图(a)杯子模型所预测的抓取显著区域与数据集的真值差别较大.原因在于图(b)杯子模型数据集的显著真值是通过平均所有用户的抓取显著值计算所得,杯子模型显著值在杯身处没有太大的差异.但应用我们提出的算法可以预测出更加符合人们抓取习惯的显著区域.

(a) 本章结果 (b) 真值

图 4-11 数据集[11]和数据集[71]测试本章算法

4.4.4 算法有效性验证

为了验证本章提出算法的合理性和有效性,做了消融对比实验.针对生活中常用的三类人造模型进行了消融实验的验证:网络训练中分别使用原始数据集(NST)和扩充后的数据集(ST)做对比实验;网络训练中未串联全局特征(NGF)和串联全局特征(AGF)做对比实验.如图 4-12 所示,展示了三类模型的抓取显著性实验结果.

图 4-12(a)为网络使用原始数据集和未串联全局特征进行训练,获取的显著性检测结果;图 4-12(b)为网络使用扩充后的数据集但未串联全局特征进行训练,获取的显著性检测结果;图 4-12(c)为网络使用原始数据集但串联全局特征进行训练,获取的显著性检测结果;图 4-12(d)为网络使用扩充后的数据集并串联全局特征进行训练,获取的显著性检测结果.可以看到,图 4-12(d)中的模型获得了一致的抓取显著区域,而其他三列在不同程度上都出现了预测不准确的显著区域.说明网络使用扩充后的数据集训练

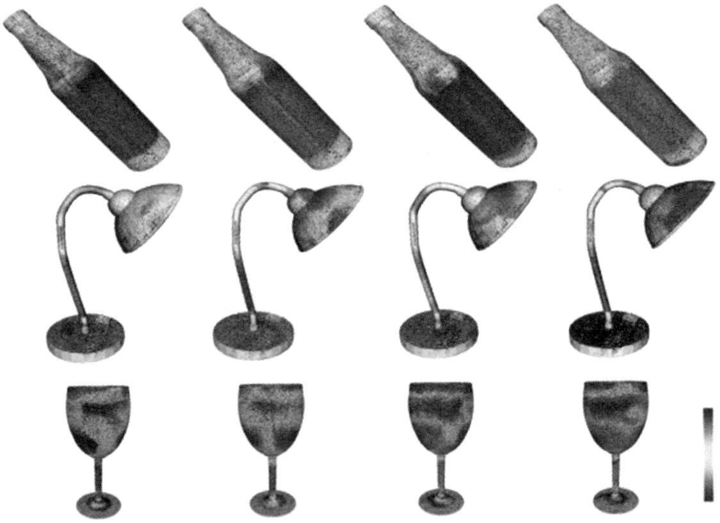

（a）NST 和 NGF （b）ST 和 NGF （c）NST 和 AGF （d）ST 和 AGF

图 4-12 消融实验

并串联全局特征，能有效地增强模型的泛化能力，验证了算法的有效性.

4.4.4.1 数据集增广有效性验证

图 4-13 实验结果验证了扩充数据集在抓取显著性分析中的有效性. 图(a)和图(c)是网络使用原有数据集进行训练，所预测出的抓取显著性检测结果；图(b)和(d)是网络使用扩充后数据集进行训练，所预测的抓取显著性结果.

可以看到，虽然原始数据集中包含茶壶、锅、杯子等三维点云模型，但当点云模型的几何形状发生细微变化时，算法预测的抓取显著区域并不准确. 图(a)中茶壶的把手未被检测到；图(c)中杯子把手部分也未被检测到. 然而，扩充数据集之后，网络得到了更加丰富的训练样本，提高了模型的泛化能力，能够精准地预测出模型的抓取显著区域. 图(b)和图(d)中杯子和茶壶的把手处均被准确地检测到，而且显著值相对较大. 同时，数据集增广后算法所预测的抓取区域显著值的分布也更加地均匀一致.

图 4-13 数据集扩充有效性验证

[(a)和(c)显著性检测结果(NST);(b)和(d)显著性检测结果(ST)]

4.4.4.2 全局特征的有效性验证

为了验证所提取三维形状的整体结构特征在网络训练中具有语义指导作用,我们做了两组对比实验,如图 4-14 和图 4-15 所示. 图 4-14(a)为两个带把手的三维点云模型,网络预测模型的抓取显著区域在把手处;图 4-14(b)为去掉把手的三维点云模型,网络预测模型的抓取显著区域在瓶颈区域. 对于带把手和不带把手的两类模型,网络所预测的显著区域有很大不同,这表明全局特征可以指导网络从模型的整体结构特征来考虑,对模型的拓扑结构有感知作用. 网络通过模型整体结构来预测哪些区域是显著的,哪些区域是不显著的.

图 4-15 展示了网络训练过程添加三维形状的全局特征和不添加全局特征时,对于同一个模型获得不同的抓取显著区域. 图 4-15(a)为网络训练过程中未添加模型全局特征的实验结果,缺少了高级语义信息的指导,网络不知道哪里应该为抓取区域. 一般情况下网络会依据模型的局部几何特征认为曲率较高的区域显著值会相对较大,但图 4-15(a)模型没有类似这样曲率变化较大的区域. 因此,网络无法很好地预测抓取显著区域;而图 4-15(b)为网络训练过程中融合了模型全局特征的实验结果,使得模型具有了

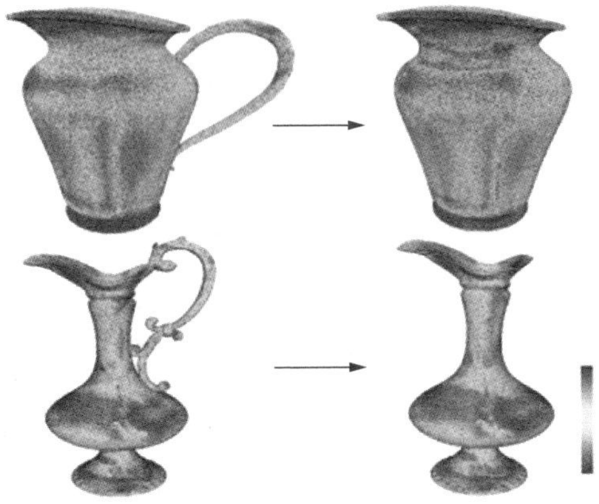

（a）带把手模型的显著性检测结果　（b）不带把手模型的显著性检测结果

图 4 - 14　添加全局特征显著性检测结果比较

（a）显著性检测结果（NGF）（b）显著性检测结果（AGT）

图 4 - 15　全局特征有效性验证

类别信息，网络相对准确地预测出模型的抓取显著区域. 通过两组实验比较，有效地证明了网络训练中添加全局特征作为显著性分析的指导特征，确保算法可以“看到”模型的整体. 也进一步说明全局特征对模型的拓扑结构具有感知作用，可以指导网络准确地预测出抓取显著区域.

4.4.4.3 对噪声的鲁棒性验证

由于数据集得到了有效增强后，数据的抓取模式较为丰富，同时网络训练过程中串联了模型的全局特征，使得算法对噪声也比较鲁棒. 实验过程中对三维点云模型沿着点法向方向添加不同的噪声，即沿着法向量方向使得每个顶点产生不同尺度的位置偏移，分别添加了 0.01，0.03，0.05，0.07 的高斯噪声. 如图 4-16 所示，随着噪声尺度的增大算法仍然能够检测出合理的显著区域.

(a) 0.01　(b) 0.03　(c) 0.05　(d) 0.07

图 4-16　算法对不同尺度噪声的鲁棒性

4.4.5　抓取显著性应用

抓取显著性在图形学领域有很多潜在的应用，可以为人机交互提供必要的预处理. 例如，帮助机器人有效识别哪个区域更有利于抓取，主要是通过物体表面的抓取点位置来指导机器人完成抓取动作. 首先，基于 Kwatra 等[145]的方法将物体表面划分成若干个 patch 区域，根据显著图选择显著值较高的 patch 作为候选的抓取区域. 对于每一个候选的 patch 区域，中心位置指定为手指指尖的接触位置. 在这里，我们主要考虑两指抓取问题. 因此我们根据指尖位置构建双手抓取点为两指抓取方式. 利用抓取显著值,选择显著值最高的抓取点对作为候选抓取点,如图 4-17 所示. 然后,基于 Lippiello[146]的方法计算最佳的抓取点对.

图 4-17　基于显著性指导的两指抓取

4.5　本章小结

本章提出了基于深度形状对应的抓取显著性检测算法. 为了在现有显著性数据集基础上生成足够大的训练数据集,增强网络的泛化能力,本书提出了一种基于非刚性特征匹配的显著值转移策略,通过将现有模型的显著值迁移给功能性结构相同但几何外观不同的模型,扩充现有数据集以满足网络训练的需求. 另外,考虑到不同类别的模型,局部区域具有相似的几何属性,但抓取区域存在较大差异,在网络训练过程中,不仅考虑了模型的局部几何特征,还考虑了模型的整体结构特征. 将全局特征融合到深度神经网络中,提高了网络的性能. 由于算法是基于功能结构相同的模型迁移显著值来扩充数据集的,扩充的数据集类别不够丰富. 将来考虑构建一个更大规模的图形数据集,从模型类别与数量规模两个方面进行提升.

第5章 结论与展望

5.1 结论

如何赋予计算机视觉感知，使计算机能够像人一样感知和观察世界，是计算机视觉领域亟待解决的问题. 而显著性检测正是在这样的需求下发展起来的，作为计算机视觉领域重要的研究方向，受到越来越多研究者的关注. 显著性检测是指通过智能算法模拟人类视觉注意机制，将有限的计算资源分配给场景中重要的区域或者人们最感兴趣的区域. 当获取了显著区域，不仅为完成后续任务提供了有效信息还减少了工作量，更加有效地提升了智能算法在更复杂环境下的感知能力. 本书立足于显著性检测问题的研究，基于数据类型的不同，提出了不同的显著性检测方法，主要工作总结如下：

(1) 针对二维图像数据的显著性检测问题，本书第 2 章提出了一种基于通勤时间距离度量区域显著性检测方法. 首先，应用简单线性迭代聚类分割算法(SLIC)对图像进行分割，以超像素为节点构建图. 其次，应用聚类算法对图像边界超像素进行分类，选取超像素较多的一类为背景种子点，提取可靠的背景种子点；再基于颜色增强的 Harris 角点检测算法构建粗略定位显著目标的凸包，并利用提取的背景种子点诱导出凸包内的置信前景种子点. 最后，分别基于已获取的背景种子点和前景种子点，应用通勤时间距离计算初始显著图，并将初始显著图融合生成最终的显著图. 实验结果表明，通勤时间距离相比于测地距离能更有效地度量区域间的特征差异，较好地抑制背景噪声带来的影响.

(2) 针对三维网格数据显著性检测问题，本书第 3 章提出一种基于熵度量区域显著性的方法. 首先，应用顶点-环邻域内三角面片面积加权和的方法来计算网格顶点的法向量，作为每个顶点描述子；其次，对每个顶点构建邻域，利用直方图法计算邻域内顶点法向量的概率分布；最后，计算出顶点邻域内法向量的熵值，也就是顶点的显著值. 利用熵值来刻画区域的局部变化，如果熵值较大，邻域内法向量比较混乱，则为显著区域；反之为平滑区域. 由于算法比较简单，因此在速度和计算复杂度上具有一定的优势，相比于复杂算法，本章算法更容易被应用到网格其他任务中，如网格光滑、网格简化.

(3) 针对三维点云数据抓取显著性问题，提出了一种基于深度学习的形状对应显著性检测算法. 首先，针对显著性数据集较少的问题，提出了一种非刚性对应的特征匹配方法来完成模型显著值迁移，实现数据集增强. 具体地，将成对的点云模型 S(标注显著值)和 T(未标注显著值)输入到孪生点云网络，输出为点云模型的逐点特征，所提取的特征在结构上具有语义一致性. 在特征空间可以计算任意两点的欧氏距离，对于点云模型 T 上的点 p 我们计算出其在点云模型 S 中欧氏距离较近的 K 个近邻点，并把 K 个近邻点显著值的平均值作为点 p 的显著值，从而完成显著值有效迁移. 在现有数据集的基础上生成足够大的数据集，增加了网络的训练样本，有效地提升了模型的稳定性和泛化性. 其次，抓取物体时同时考虑模型的局部特征和整体结构特征. 因为模型的局部特征可能具有相似的几何特征，但依据功能性结构的不同，人们抓取的位置显然是不同的. 因此，本书将模型的全局特征融合到显著性回归网络中，来增强模型的语义性. 实验表明，基于增强的数据集进行网络训练，同时融合全局特征，使得网络同时考虑了模型的局部结构和整体结构信息，能更加精准地预测出抓取显著区域. 而且当噪声增大时，网络仍可以预测出合理的显著区域，方法具有一定的抗噪能力.

5.2 创新点

(1) 提出了一种基于通勤时间距离的图像显著目标检测算法. 首先，提出改善背景先验的方法，利用 K-means 聚类方法来筛选出图像边界置信的背景种子点，基于背景种子点计算背景先验图；其次，提出了改进凸包先验方法，利用已获取的背景种子点诱导出凸包内置信的前景种子点，基于置信前景种子点计算改进凸包先验图. 计算两个初始先验图时，均应用了通勤时间距离来度量图像区域间的特征差异. 通勤时间距离不仅考虑了区域的邻接关系和内蕴性质,而且有效地消除了小尺度高对比的背景噪声所带来的影响. 实验结果表明,基于通勤时间距离计算图像显著性比传统的测地距离和欧氏距离更加有效,是一种更鲁棒的度量方式.

(2) 提出了一种基于熵的网格显著性检测方法. 考虑到熵具有描述系统混乱程度的属性,熵值越大越无序这一特征,将信息论中的信息熵引入网格显著性检测中. 选择网格顶点邻域内法向量熵值来刻画局部邻域的变化程度. 如果局部邻域内法向量无序,则为显著区域;如果局部邻域法向量比较规则,则为非显著区域. 方法计算比较简单,因此在运行时间上具有一定优势. 另外,将获取的显著性用于指导网格简化和网格光滑,取得了较好的实验结果,具有一定的应用价值.

(3) 提出了一种基于深度形状对应的抓取显著性检测方法. 首先提出了数据增强的策略,将数据集生成问题转化为一个非刚性形状对应问题,基于已有对应标注显著值的模型,通过语义对应实现显著值的有效迁移. 实现了对数据集的增强,提升了训练数据的多样性与规模化. 基于增强的数据集训练,极大地提升了训练模型的稳定性和泛化性. 另外,提出将模型的全局特征融合到显著性回归网络训练中,使得模型同时具有了局部特征和全局特征,能更加精准地预测出抓取显著区域. 实验结果表明,本书方法不仅能很好地预测三维形状的抓取显著性区域,而且对噪声具有较强的鲁棒性.

5.3 展望

基于现有的工作,对未来的研究工作作出以下展望:

(1) 对抓取显著性分析问题,考虑构建一个更大规模的图形数据集,从模型类别与数量规模两个方面进行提升. 其中,为减少人工标注的成本,未来考虑采用主动学习的方式:采用部分人工标记与有效的标签扩散算法,构建一个具有一定可靠性的大规模显著性分析模型库. 希望通过引入该数据集,提升模型分析精度并使训练模型具备更强的普适性和鲁棒性.

(2) 针对三维模型的显著性分析问题,引入更有效的特征表示学习模型,通过无监督或半监督的方式完成模型的显著性区域分析. 其中,考虑到显著性区域分析具有较强的人类主观性，仅仅依靠传统特征，难以实现更为智能的显著性分析，因此引入深度图模型可以更好地实现模型显著性区域的分析. 另外采用半监督的方式，也可以通过引入一定的标注信息更好地指导具备语义性特征的挖掘提取.

(3) 本书提出的图像显著性分析方法是针对单幅图像进行的，未来的工作中可以考虑研究图像的协同显著性(co-saliency)分析方法，即检测到几幅相关联图像中相关共同的显著区域.

参考文献

[1] 胡事民，杨永亮，来煜坤. 数字几何处理研究进展[J]. 计算机学报，2009，32(8)：1451－1469.

[2] TREISMAN A M，GELADE G. A feature-integration theory of attention[J]. Cognitive Psychology，1980，12(1)：97－136.

[3] KOCH C，ULLMAN S. Shifts in selective visual attention：towards the underlying neural circuitry[J]. Human Neurobiology，1985，4(4)：219－227.

[4] ITTI L，KOCH C，NIEBUR E. A model of saliency-based visual attention for rapid scene analysis[J]. IEEE Transactions on Pattern Analysis and Machine Intelligence，1998，20(11)：1254－1259.

[5] LEE C H，VARSHNEY A，JACOBS D W. Mesh saliency[J]. ACM Transactions on Graphics，2005，24(3)：659－666.

[6] SONG R，LIU Y H，MARTIN R R，et al. Mesh saliency via spectral processing[J]. ACM Transactions on Graphics，2014，33(1)：1－17.

[7] LEIFMAN G，SHTROM E，TAL A. Surface regions of interest for viewpoint selection[C]//2012 IEEE Conference on Computer Vision and Pattern Recognition. June 16－21，2012，Providence，RI，USA. IEEE，2012：414－421.

[8] SHLAFMAN S，TAL A，KATZ S. Metamorphosis of polyhedral surfaces using decomposition[J]. Computer Graphics Forum，2002，21(3)：219－228.

[9] YANG BL，LI F W B，WANG X，et al. Visual saliency guided textured model simplification[J]. The Visual Computer，2016，32(11)：1415－1432.

[10] SHTROM E，LEIFMAN G，TAL A. Saliency detection in large

point sets[C]//2013 IEEE International Conference on Computer Vision. December 1 - 8,2013,Sydney,NSW,Australia. IEEE,2013:3591 - 3598.

[11] LAU M, DEV K, SHI W, et al. Tactile mesh saliency[J]. ACM Transactions on Graphics, 2016, 35(4): 4 - 11

[12] MA Y F,ZHANG H J. Contrast-based image attention analysis by using fuzzy growing[C]//Proceedings of the Eleventh ACM International Conference on Multimedia. Berkeley CA USA. ACM,2003:374 - 381.

[13] GOFERMAN S, ZELNIK-MANOR L, TAL A. Context-aware saliency detection[J]. IEEE Transactions on Pattern Analysis and Machine Intelligence,2012,34(10):1915 - 1926.

[14] JIANG H, WANG J, YUAN Z, et al. Automatic salient object segmentation based on context and shape prior[C]//Proceedings of the British Machine Vision Conference, BMVA Press, Durham, 2011.

[15] ACHANTA R, HEMAMI S, ESTRADA F, et al. Frequency-tuned salient region detection[C]//2009 IEEE Conference on Computer Vision and Pattern Recognition. June 20 - 25,2009,Miami,FL,USA. IEEE, 2009:1597 - 1604.

[16] ZHAI Y,SHAH M. Visual attention detection in video sequences using spatiotemporal cues[J]. Proceedings of the 14th Annual ACM International Conference on Multimedia,MM 2006,2006:815 - 824.

[17] CHENG M M,ZHANG G X,MITRA N J,et al. Global contrast based salient region detection[C]//CVPR 2011. June 20 - 25,2011,Colorado Springs,CO,USA. IEEE,2011:409 - 416.

[18] PERAZZI F,KRÄHENBÜHL P,PRITCH Y,et al. Saliency filters:Contrast based filtering for salient region detection[C]//2012 IEEE Conference on Computer Vision and Pattern Recognition. June 16 - 21, 2012,Providence,RI,USA. IEEE,2012:733 - 740.

[19] WEI Y C,WEN F,ZHU W J,et al. Geodesic saliency using background priors [C]//Computer Vision-ECCV 2012. Berlin, Heidelberg: Springer,2012:29 - 42.

[20] LU H C,LI X H,ZHANG L H,et al. Dense and sparse reconstruction error based saliency descriptor[J]. IEEE Transactions on Image Processing,2016,25(4):1592 - 1603.

[21] ZHU W J,LIANG S,WEI Y C,et al. Saliency optimization from robust background detection[C]//2014 IEEE Conference on Computer Vision and Pattern Recognition. June 23 - 28, 2014, Columbus, OH, USA. IEEE,2014:2814 - 2821.

[22] KOFFKA K. Principles of gestalt psychology[J]. A Harbinger Book, 2005, 20(5):623 - 628.

[23] SHEN X H,WU Y. A unified approach to salient object detection via low rank matrix recovery[C]//2012 IEEE Conference on Computer Vision and Pattern Recognition. June 16 - 21, 2012, Providence, RI, USA. IEEE,2012:853 - 860.

[24] YAN Q, XU L, SHI J P, et al. Hierarchical saliency detection [C]//2013 IEEE Conference on Computer Vision and Pattern Recognition. June 23 - 28,2013,Portland,OR,USA. IEEE,2013:1155 - 1162.

[25] YANG C,ZHANG L H,LU H C. Graph-regularized saliency detection with convex-hull-based center prior[J]. IEEE Signal Processing Letters,2013,20(7):637 - 640.

[26] XIE Y L,LU H C,YANG M H. Bayesian saliency via low and mid level cues[J]. IEEE Transactions on Image Processing,2013,22(5):1689 - 1698.

[27] SUN J,LU H C,LI S F. Saliency detection based on integration of boundary and soft-segmentation[C]//2012 19th IEEE International Conference on Image Processing. September 30 - October 3,2012,Orlando,FL, USA. IEEE,2012:1085 - 1088.

[28] HAREL J, KOCH C, PERONA P. Graph-based visual saliency [C]// Conference on Advances in Neural Information Processing Systems, MIT Press,2006.

[29] JIANG P, VASCONCELOS N, PENG J. Generic promotion of

diffusion-based salient object detec-tion[C]// IEEE International Conference on Computer Vision, Santiago, Chile, 2015:217－225.

[30] SUN J G,LU H C,LIU X P. Saliency region detection based on Markov absorption probabilities[J]. IEEE Transactions on Image Processing,2015,24(5):1639－1649.

[31] WANG L, JIANG B,TU Z, et al. Robust pixelwisesaliency detection via progressive graph rankings[J]. Neurocomputing, 2019, 329: 433－446.

[32] JI Y Z,ZHANG H J,TSENG K K,et al. Graph model-based salient object detection using objectness and multiple saliency cues[J]. Neurocomputing,2019,323:188－202.

[33] DENG C,YANG X,NIE F P,et al. Saliency detection via a multiple self-weighted graph-based manifold ranking[J]. IEEE Transactions on Multimedia,2020,22(4):885－896.

[34] HE S F,LAU R W H,LIU W X,et al. SuperCNN:a superpixelwise convolutional neural network for salient object detection[J]. International Journal of Computer Vision,2015,115(3):330－344.

[35] WANG L J,LU H C,RUAN X,et al. Deep networks for saliency detection via local estimation and global search[C]//2015 IEEE Conference on Computer Vision and Pattern Recognition (CVPR). June 7－12,2015, Boston,MA,USA. IEEE,2015:3183－3192.

[36] LEE G,TAI Y W,KIM J. Deep saliency with encoded low level distance map and high level features[C]//2016 IEEE Conference on Computer Vision and Pattern Recognition (CVPR). June 27－30,2016,Las Vegas,NV,USA. IEEE,2016:660－668.

[37] SHELHAMER E,LONG J,DARRELL T. Fully convolutional networks for semantic segmentation[J]. IEEE Transactions on Pattern Analysis and Machine Intelligence,2017,39(4):640－651.

[38] LIU N,HAN J W. DHSNet:deep hierarchical saliency network for salient object detection[C]//2016 IEEE Conference on Computer Vision

and Pattern Recognition (CVPR). June 27 - 30, 2016, Las Vegas, NV, USA. IEEE,2016:678 - 686.

[39] WANG L Z,WANG L J,LU H C,et al. Saliency detection with recurrent fully convolutional networks[C]//Computer Vision-ECCV 2016. Cham:Springer,2016:825 - 841.

[40] WANG T T,BORJI A,ZHANG L H,et al. A stagewise refinement model for detecting salient objects in images[C]//2017 IEEE International Conference on Computer Vision (ICCV). October 22 - 29,2017,Venice,Italy. IEEE,2017:4039 - 4048.

[41] ZHANG X N,WANG T T,QI J Q,et al. Progressive attention guided recurrent network for salient object detection[C]//2018 IEEE/CVF Conference on Computer Vision and Pattern Recognition. June 18 - 23, 2018,Salt Lake City,UT,USA. IEEE,2018:714 - 722.

[42] CHEN S H,TAN X L,WANG B,et al. Reverse attention for salient object detection[C]//Computer Vision-ECCV 2018. Cham: Springer, 2018:236 - 252.

[43] LIU X Y,LIU L G,SONG W J,et al. Shape context based mesh saliency detection and its applications:a survey[J]. Computers & Graphics, 2016,57:12 - 30.

[44] WOLFE J M. Guided Search 2. 0 A revised model of visual search [J]. Psychonomic Bulletin & Review,1994,1(2):202 - 238.

[45] CORSINI M,GELASCA E D,EBRAHIMI T,et al. Watermarked 3 - D mesh quality assessment[J]. IEEE Transactions on Multimedia,2007, 9(2):247 - 256.

[46] LAVOUÉ G,DRELIE GELASCA E,DUPONT F,et al. Perceptually driven 3D distance metrics with application to watermarking[C]// Applications of Digital Image Processing XXIX. San Diego, California, USA. SPIE,2006:63120L.

[47] CASTELLANI U, CRISTANI M, FANTONI S, et al. Sparse points matching by combining 3D mesh saliency with statistical descriptors

[J]. Computer Graphics Forum,2008,27(2):643 - 652.

[48] MIAO Y W,FENG J Q. Perceptual-saliency extremum lines for 3D shape illustration[J]. The Visual Computer,2010,26(6):433 - 443.

[49] ZOU G Y,HUA J,DONG M,et al. Surface matching with salient keypoints in geodesic scale space[J]. Computer Animation and Virtual Worlds,2008,19(3/4):399 - 410.

[50] DORAISWAMY H, SHIVASHANKAR N, NATARAJAN V, et al. Topological saliency[J]. Computers & Graphics, 2013, 37(7):787 - 799.

[51] ZAHARESCU A,BOYER E,VARANASI K,et al. Surface feature detection and description with applications to mesh matching[C]// 2009 IEEE Conference on Computer Vision and Pattern Recognition. June 20 - 25,2009,Miami,FL,USA. IEEE,2009:373 - 380.

[52] JIA S X,ZHANG C M,LI X M,et al. Mesh resizing based on hierarchical saliency detection[J]. Graphical Models,2014,76(5):355 - 362.

[53] BULBUL A, ARPA S, CAPIN T. A clustering-based method to estimate saliency in 3d animated meshes[J]. Computers & Graphics, 2014, 43(10):11 - 20.

[54] TAO P P,CAO J J,LI S H,et al. Mesh saliency via ranking unsalient patches in a descriptor space[J]. Computers & Graphics,2015,46:264 - 274.

[55] SUN J,OVSJANIKOV M,GUIBAS L. A concise and provably informative multi-scale signature based on heat diffusion[J]. Computer Graphics Forum,2009,28(5):1383 - 1392.

[56] HU J X,HUA J. Salient spectral geometric features for shape matching andretrieval[J]. The Visual Computer,2009,25(5):667 - 675.

[57] SONG R,LIU Y H,MARTIN R R,et al. 3D point of interest detection via spectral irregularity diffusion[J]. The Visual Computer,2013,29(6):695 - 705.

[58] BENJAMIN W,POLK A W,VISHWANATHAN S V N,et al.

Heat walk: robust salient segmentation of non-rigid shapes[J]. Computer Graphics Forum, 2011, 30(7): 2097 - 2106.

[59] SONG R, LIU Y H, ZHAO Y T, et al. Conditional random field-based mesh saliency[C]//2012 19th IEEE International Conference on Image Processing. September 30 - October 3, 2012, Orlando, FL, USA. IEEE, 2012: 637 - 640.

[60] WU J L, SHEN X Y, ZHU W, et al. Mesh saliency with global rarity[J]. Graphical Models, 2013, 75(5): 255 - 264.

[61] SIPIRAN I, BUSTOS B. Key-components: detection of salient regions on 3D meshes[J]. The Visual Computer, 2013, 29(12): 1319 - 1332.

[62] ZHAO Y, LIU Y, RAN S, et al. Patch based saliency detection method for 3d surface simplification[C]// International Conference on Pattern Recognition, 2013.

[63] WANG S F, LI N N, LI S, et al. Multi-scale mesh saliency based on low-rank and sparse analysis in shape feature space[J]. Computer Aided Geometric Design, 2015, 35: 206 - 214.

[64] SONG R, LIU Y H, ROSIN P L. Mesh saliency via weakly supervised classification-for-saliency CNN[J]. IEEE Transactions on Visualization and Computer Graphics, 2021, 27(1): 151 - 164.

[65] GUO Y, WANG F, XIN J M. Point-wise saliency detection on 3D point clouds via covariance descriptors[J]. The Visual Computer, 2018, 34(10): 1325 - 1338.

[66] TASSE F P, KOSINKA J, DODGSON N. Cluster-based point set saliency[C]//2015 IEEE International Conference on Computer Vision (ICCV). December 7 - 13, 2015, Santiago, Chile. IEEE, 2015: 163 - 171.

[67] GUO Y, WANG F, LIU P, et al. Multi-scale Point SetSaliency Detection Based on Site Entropy Rate[M]. New York: Springer International Publishing, 2016.

[68] LEAL E, SANCHEZ-TORRES G, BRANCH-BEDOYA J W. Point cloud saliency detection via local sparse coding[J]. DYNA (Colombi-

a),2019,86(209):238 - 247.

[69] DING X Y,LIN W S,CHEN Z Z,et al. Point cloud saliency detection by local and global feature fusion[J]. IEEE Transactions on Image Processing,2019,28(11):5379 - 5393.

[70] JIAO J, CAO Y, LAU M, et al. Tactile sketch saliency[C]// The 28th ACM International Conference on Multimedia. October 12 - 16, 2020,Seattle,WA,USA,2020: 3072 - 3080.

[71] BRAHMBHATT S,HAM C,KEMP C C,et al. ContactDB:analyzing and predicting grasp contact via thermal imaging[C]//2019 IEEE/CVF Conference on Computer Vision and Pattern Recognition (CVPR). June 15 - 20,2019,Long Beach,CA,USA. IEEE,2019:8701 - 8711.

[72] CHARLES R Q,HAO S,MO K C,et al. PointNet:deep learning on point sets for 3D classification and segmentation[C]//2017 IEEE Conference on Computer Vision and Pattern Recognition (CVPR). July 21 - 26,2017,Honolulu,HI,USA. IEEE,2017:77 - 85.

[73] QI C R, YI L, SU H, et al. Pointnet++: Deep hierarchical feature learning on point sets in a metric space[C]// Conference on Advances in Neural Information Processing Systems, MIT Press,2017.

[74] GUERRERO P,KLEIMAN Y,OVSJANIKOV M,et al. PCPNet learning local shape properties from raw point clouds[J]. Computer Graphics Forum,2018,37(2):75 - 85.

[75] LI Y, BU R, SUN M, et al. Pointcnn: Convolution on x-transformed points[C]// 32nd Conference on Neural infarmatian Processing Systems (NeurlPS 2018), Moniréal, Canada,2018.

[76] MARCHESOTTI L,CIFARELLI C,CSURKA G. A framework for visual saliency detection with applications to image thumbnailing[C]// 2009 IEEE 12th International Conference on Computer Vision. September 29 - October 2,2009,Kyoto,Japan. IEEE,2009:2232 - 2239.

[77] GUO C, ZHANG L. A novel multiresolution spatiotemporal saliency detection model and its applications in image and video compression

[J]. IEEE Transactions on Image Processing, 2010, 19:185－198.

[78] KO B C,NAM J Y. Object-of-interest image segmentation based on human attention and semantic region clustering[J]. Journal of the Optical Society of America A,2006,23(10):2462－2470.

[79] GOFERMAN S, TAL A, ZELNIKMANOR L. Puzzle-like collage[J]. Computer Graphics Forum, 2010, 29(2):459－468.

[80] SONG P,FU Z Q,LIU L G,et al. Printing 3D objects with interlocking parts[J]. Computer Aided Geometric Design,2015,35:137－148.

[81] ZHANG L M,GAO Y,JI R R,et al. Actively learning human gaze shifting paths for semantics-aware photo cropping[J]. IEEE Transactions on Image Processing,2014,23(5):2235－2245.

[82] RAHMAN Z,PU Y F,AAMIR M,et al. A framework for fast automatic image cropping based on deep saliency map detection and Gaussian filter[J]. International Journal of Computers and Applications,2019,41(3):207－217.

[83] CORNIA M,PINI S,BARALDI L,et al. Automatic image cropping and selection using saliency: an application to historical manuscripts[C]//Digital Libraries and Multimedia Archives. Cham:Springer,2018:169－179.

[84] ARDIZZONE E, BRUNO A, MAZZOLA G. Saliency based image cropping[C]// International Conference on Image Analysis & Processing(ICIAP),2013.

[85] WANG Z,LU L G,BOVIK A C. Foveation scalable video coding with automatic fixation selection[J]. IEEE Transactions on Image Processing,2003,12(2):243－254.

[86] ZHOU Z H, CHEN K J, DAI H B. Enhancing relevance feedbackin image retrieval using unlabeled data[J]. ACM Trans on Information Systems,2006,24(2):219－244.

[87] RAHTU E,KANNALA J,SALO M,et al. Segmenting salient objects from images and videos[C]//Computer Vision-ECCV 2010. Berlin,

Heidelberg:Springer,2010:366 - 379.

[88] FU Y,CHENG J,LI Z L,et al. Saliency Cuts:an automatic approach to object segmentation[C]//2008 19th International Conference on Pattern Recognition. December 8 - 11,2008,Tampa,FL. IEEE,2008:1 - 4.

[89] GOFERMAN S, ZELNIK-MANOR L, TAL A. Context-aware saliency detection[J]. IEEE Transactions on Pattern Analysis and Machine Intelligence,2012,34(10):1915 - 1926.

[90] WANG W M,CHAO H Y,TONG J,et al. Saliency-preserving slicing optimization for effective 3D printing[J]. Computer Graphics Forum,2015,34(6):148 - 160 .

[91] SCHROEDER W J,ZARGE J A, LORENSEN W E. Decimation of triangle meshes[J]. ACM Siggraph Computer Graphics, 1992, 26(2): 65 - 70.

[92] HOPPE H,DEROSE T,DUCHAMP T,et al. Mesh optimization [C]//Proceedings of the 20th Annual Conference on Computer Graphics and Interactive Techniques. Anaheim CA. ACM,1993:19 - 26.

[93] GARLAND M, HECKBERT P S. Surface simplification using quadric error metrics[C]// Proceedings of the 24th Annual Conference on Computer Graphics and Interactive Techniques, 1997.

[94] COHEN-STEINER D, ALLIEZ P, DESBRUN M. Variational shape approximation[J]. ACM Transactions on Graphics, 2004,23(3):905 - 907.

[95] CASTELLÓ P,CHOVER M,SBERT M,et al. Reducing complexity in polygonal meshes with view-based saliency[J]. Computer Aided Geometric Design,2014,31(6):279 - 293.

[96] SHLAFMAN S,TAL A,KATZ S. Metamorphosis of polyhedral surfaces using decomposition[J]. Computer Graphics Forum,2002,21(3): 219 - 228.

[97] KRAEVOY V, SHEFFER A, SHAMIR A, et al. Non-homogeneous resizing of complex models[J]. ACM Transactions on Graphics

(TOG), 2008, 27(5):111.

[98] JIN S,LING H B. Scale and object a ware image retargeting for thumbnail browsing[C]//2011 International Conference on Computer Vision. November 6 - 13,2011,Barcelona. IEEE,2011:1511 - 1518.

[99] HOU X D, HAREL J, KOCH C. Image signature: highlighting sparse salient regions[J]. IEEE Transactions on Pattern Analysis and Machine Intelligence,2012,34(1):194 - 201.

[100] TIAN H W,FANG Y M,ZHAO Y,et al. Salient region detection by fusing bottom-up and top-down features extracted from a single image[J]. IEEE Transactions on Image Processing,2014,23(10):4389 - 4398.

[101] WEI Y C, WEN F, ZHU W J, et al. Geodesic saliency using background priors[C]//Computer Vision-ECCV 2012. Berlin, Heidelberg: Springer,2012:29 - 42.

[102] SUN J,LU H C,LI S F. Saliency detection based on integration of boundary and soft-segmentation[C]//2012 19th IEEE International Conference on Image Processing. September 30 - October 3,2012,Orlando,FL, USA. IEEE,2012:1085 - 1088.

[103] XIE Y L,LU H C. Visual saliency detection based on Bayesian model[C]//2011 18th IEEE International Conference on Image Processing. September 11 - 14,2011,Brussels,Belgium. IEEE,2011:645 - 648.

[104] SHEN X H,WU Y. A unified approach to salient object detection via low rank matrix recovery[C]//2012 IEEE Conference on Computer Vision and Pattern Recognition. June 16 - 21,2012,Providence,RI,USA. IEEE,2012:853 - 860.

[105] YANG C,ZHANG L H,LU H C. Graph-regularized saliency detection with convex-hull-based center prior[J]. IEEE Signal Processing Letters,2013,20(7):637 - 640.

[106] ZHANG J,CAO J J,LIU X P,et al. Point cloud normal estimation via low-rank subspace clustering[J]. Computers & Graphics,2013,37(6):697 - 706.

[107] HOU X D,ZHANG L Q. Saliency detection: a spectral residual approach[C]//2007 IEEE Conference on Computer Vision and Pattern Recognition. June 17 - 22,2007,Minneapolis,MN,USA. IEEE,2007:1 - 8.

[108] LIU T,SUN J,ZHENG N N,et al. Learning to detect a salient object[C]//2007 IEEE Conference on Computer Vision and Pattern Recognition. June 17 - 22,2007,Minneapolis,MN,USA. IEEE,2007:1 - 8.

[109] ZHU L,KLEIN D A,FRINTROP S,et al. A multisize superpixel approach for salient object detection based on multivariate normal distribution estimation[J]. IEEE Transactions on Image Processing, 2014, 23 (12):5094 - 5107.

[110] WU P H,CHEN C C,DING J J,et al. Salient region detection improved by principle component analysis and boundary information[J]. IEEE Transactions on Image Processing,2013,22(9):3614 - 3624.

[111] QI W,HAN J,ZHANG Y,et al. Saliency detection via Boolean and foreground in a dynamic Bayesian framework[J]. The Visual Computer,2017,33(2):209 - 220.

[112] ACHANTA R, SHAJI A, SMITH K, et al. Slic superpixels [R]. EPFL Technical Report, 2010.

[113] HARRIS C,STEPHENS M. A combined corner and edge detector[C]//Proceedings ofthe Alvey Vision Conference 1988. Manchester. Alvey Vision Club,1988:147 - 152.

[114] VAN DE WEIJER J,GEVERS T,BAGDANOV A D. Boosting color saliency in image feature detection[J]. IEEE Transactions on Pattern Analysis and Machine Intelligence,2006,28(1):150 - 156.

[115] LIPMAN Y, RUSTAMOV R M, FUNKHOUSER T A. Biharmonic distance[J]. ACM Transactions on Graphics (TOG), 2010, 29 (3):27.

[116] QIU H J, HANCOCK E R. Clustering and embedding using commute times[J]. IEEE Transactions on Pattern Analysis and Machine Intelligence,2007,29(11):1873 - 1890.

[117] FOUSS F, PIROTTE A, SAERENS M. A novel way of computing similarities between nodes of a graph, with application to collaborative recommendation[C]//The 2005 IEEE/WIC/ACM International Conference on Web Intelligence (WI'05). September 19 - 22, 2005, Compiegne, France. IEEE, 2005: 550 - 556.

[118] DENG Y, DAI Q H, WANG R P, et al. Commute time guided transformation for feature extraction[J]. Computer Vision and Image Understanding, 2012, 116(4): 473 - 483.

[119] QIU H, HANCOCK E R. Commute Times for Graph Spectral Clustering[M]. Berlin, Heidelberg: Springer-Verlag, 2005.

[120] BORJI A. Boosting bottom-up and top-down visual features for saliency estimation[C]//2012 IEEE Conference on Computer Vision and Pattern Recognition. June 16 - 21, 2012, Providence, RI, USA. IEEE, 2012: 438 - 445.

[121] VAN DE WEIJER J, GEVERS T, BAGDANOV A D. Boosting color saliency in image feature detection[J]. IEEE Transactions on Pattern Analysis and Machine Intelligence, 2006, 28(1): 150 - 156.

[122] 朱雪龙. 应用信息论基础[M]. 北京:清华大学出版社, 2001.

[123] SHANNON C E. A mathematical theory of communication[J]. Bell System Technical Journal, 1948, 27(3): 379 - 423.

[124] BEIRLANT J, DUDEWICZ E J, GYÖRFI L, et al. Nonparametric entropy estimation: An overview[J]. International Journal of Mathematical and Statistical Sciences, 1997, 6(1): 17 - 39.

[125] KOZACHENKO L F, LEONENKON N. Sample estimate of the entropy of a random vector[J]. Problems of Information Transmission, 1987, 23(2): 95 - 101.

[126] TAUBIN G. A signal processing approach to fair surface design [C]//Proceedings of the 22ndAnnual Conference on Computer Graphics and Interactive Techniques-SIGGRAPH '95. Not Known. ACM, 1995: 351 - 358.

[127] CHEN X B, SAPAROV A, PANG B, et al. Schelling points on 3D surface meshes[J]. ACM Transactions on Graphics, 2012, 31(4): 1 - 12.

[128] LIU X P, TAO P P, CAO J J, et al. Mesh saliency detection via double absorbing Markov chain in feature space[J]. The Visual Computer, 2016, 32(9): 1121 - 1132.

[129] SHILANE P, FUNKHOUSER T. Distinctive regions of 3d surfaces[J]. ACM Transactions on Graphics, 2007, 26(2): 7.

[130] NEALEN A, IGARASHI T, SORKINE O, et al. Laplacian mesh optimization[C]//Proceedings of the 4th International Conference on Computer Graphics and Interactive Techniques in Australasia and Southeast Asia. Kuala Lumpur Malaysia. ACM, 2006: 381 - 389.

[131] LEI Y, ZHENG N N, YANG J, et al. A biased sampling strategy for object categorization[C]//2009 IEEE 12th International Conference on Computer Vision. September 29 - October 2, 2009, Kyoto, Japan. IEEE, 2009: 1141 - 1148.

[132] WU J L, SHEN X Y, ZHU W, et al. Mesh saliency with global rarity[J]. Graphical Models, 2013, 75(5): 255 - 264.

[133] LI Z, MA L Z, JIN X G, et al. A new feature-preserving mesh-smoothing algorithm[J]. The Visual Computer, 2009, 25(2): 139 - 148.

[134] EZUZ D, SOLOMON J, KIM V G, et al. GWCNN: a metric alignment layer for deep shape analysis[J]. Computer Graphics Forum, 2017, 36(5): 49 - 57.

[135] SINHA A, BAI J, RAMANI K. Deep learning 3D shape surfaces using geometry images[C]//Computer Vision-ECCV 2016. Cham: Springer, 2016: 223 - 240.

[136] ZHU W J, LIANG S, WEI Y C, et al. Saliency optimization from robust background detection[C]//2014 IEEE Conference on Computer Vision and Pattern Recognition. June 23 - 28, 2014, Columbus, OH, USA. IEEE, 2014: 2814 - 2821.

[137] GUO K, ZOU D Q, CHEN X W. 3D mesh labeling via deep con-

volutional neural networks[J]. ACM Transactions on Graphics, 2015, 35 (1):1 - 12.

[138] MONTI F, BOSCAINI D, MASCI J, et al. Geometric deep learning on graphs and manifolds using mixture modelCNNs[C]//2017 IEEE Conference on Computer Vision and Pattern Recognition (CVPR). July 21 - 26, 2017, Honolulu, HI, USA. IEEE, 2017:5425 - 5434.

[139] MASCI J, BOSCAINI D, BRONSTEIN M M, et al. Geodesic convolutional neural networks on Riemannian manifolds[C]//2015 IEEE International Conference on Computer Vision Workshop (ICCVW). December 7 - 13, 2015, Santiago, Chile. IEEE, 2015:832 - 840.

[140] ZHOU J, WANG M J, MAO W D, et al. SiamesePointNet: a Siamese point network architecture for learning 3D shape descriptor[J]. Computer Graphics Forum, 2020, 39(1):309 - 321.

[141] CHANG A X, FUNKHOUSER T, GUIBAS L, et al. ShapeNet: an information-rich 3D model repository[J]. ArXiv e-Prints, 2015: arXiv: 1512.03012.

[142] SABATINI A M. Quaternion[J]. Biomedical Engineering IEEE Transactions on Graphics, 2006, 53(7):1346 - 1356.

[143] KWOK T H, WAN W W, PAN J, et al. Rope caging and grasping[C]//2016 IEEE International Conference on Robotics and Automation (ICRA). May 16 - 21, 2016, Stockholm, Sweden. IEEE, 2016:1980 - 1986.

[144] ZARUBIN D, POKORNYF T, TOUSSAINT M, et al. Caging complex objects with geodesic balls[C]//2013 IEEE/RSJ International Conference on Intelligent Robots and Systems. November 3 - 7, 2013, Tokyo, Japan. IEEE, 2013:2999 - 3006.